# Auto da fé

*… Licenziando queste cronache
ho l'impressione di buttarle nel fuoco
e di liberarmene per sempre (E. Montale)*

# Sandro Zannarini

# IL SOFFITTO ASTRONOMICO
## DI *Casa Provenzali*

### Un codice celeste del Rinascimento

# Indice


SANDRO ZANNARINI

p. 11 **Il soffitto astronomico di Casa Provenzali**
*Un codice celeste del Rinascimento*

13 *Introduzione*

17 L'origine delle costellazioni

23 Il *Poeticon Astronomicon* di Igino

29 Casa Provenzali

43 COSTELLAZIONI

45 Costellazione dell'Orsa Maggiore

53 Costellazione del Drago

59 Costellazione dell'Orsa Minore

63 Costellazione di Ercole

69 Costellazione del Boote

75 Costellazioni della Corona Boreale e Australe

81 Costellazione della Lira

85 Costellazione dell'Aquila

89 Costellazione del Cigno

95 Costellazione dell'Ofiuco

101 Costellazione del Serpente

105 Costellazione della Sagitta

109 Costellazione del Delfino

113    Costellazione del Cavallino

117    Costellazione di Pegaso

123    Costellazione di Cefeo

129    Costellazione di Cassiopea

137    Costellazione di Andromeda

143    Costellazione di Perseo

147    Costellazione del Triangolo

151    Costellazione dell'Auriga


157    COSTELLAZIONI ZODIACALI

159    *Introduzione*

165    Costellazione dell'Ariete

171    Costellazione del Toro

175    Costellazione dei Gemelli

179    Costellazione del Cancro

185    Costellazione del Leone

191    Costellazione della Vergine

197    Costellazione della Bilancia

203    Costellazione dello Scorpione

207    Costellazione del Sagittario

213    Costellazione del Capricorno

217    Costellazione dell'Acquario

221    Costellazione dei Pesci

227    Costellazione dell'Ara

231    Costellazione del Lupo

235    Costellazione del Centauro

239    Costellazione del Corvo

Indice

243    Costellazione della Coppa

247    Costellazione dell'Idra

251    Costellazione della Carena

257    Costellazione del Cane Minore

261    Costellazione del Cane Maggiore

267    Costellazione di Orione

273    Costellazione della Lepre

277    Costellazione di Eridano

281    Costellazione di Cetus

285    Costellazione del Pesce Australe

289    Costellazione della Corona Australe

291    La Sala dei Pianeti

295    *Conclusioni*

297    Bibliografia

*Alla memoria dell'avvocato Cesare Benazzi
e ai miei cari.*

Sandro Zannarini

# Il soffitto astronomico di Casa Provenzali

*Un codice celeste del Rinascimento*

# *Introduzione*

Il soffitto astronomico di Casa Provenzali a Cento, riemerso dall'oblio nel 2020 e riportato al suo antico splendore in seguito al restauro effettuato nel 2021 dopo la rimozione del controsoffitto che l'ha occultato per oltre un secolo, si è dimostrato a un più attento studio un meraviglioso crogiolo di arte, astronomia e letteratura.

Limitarsi ad affermare che il soffitto ligneo raffiguri le quarantotto costellazioni tolemaiche è alquanto semplicistico e riduttivo rispetto al suo vero significato iconologico. Il ciclo pittorico di Cento si è dimostrato unico nel suo genere essendo chiaramente una rappresentazione astronomica che non ha nulla a che fare con i più importanti cicli astrologici italiani, tra i quali sicuramente il più noto è il Salone dei mesi di palazzo Schifanoia a Ferrara.

## *L'ideatore del ciclo pittorico*

Per presentare una descrizione razionale del ciclo centese occorre fare alcune riflessioni profonde, la prima delle quali è chiedersi chi può esserne l'ideatore. Fin dal primo momento che ho visto la Sala delle costellazioni ho dubitato che l'artista o gli artisti che lo avevano raffigurato fossero anche i progettisti dell'impianto. L'ideatore, di cui ignoriamo il nome, è sicuramente un erudito, forse un docente dello studio bolognese con profonde conoscenze astronomiche; da un'ipotesi – non fondata su documenti certi – potrebbe trattarsi di Luca Gaurico lettore di astronomia dell'ateneo bolognese della prima metà del Cinquecento. L'identificazione in Luca Gaurico non è casuale ma si basa sulla considerazione che forse riveste un ruolo principale nella descrizione del soffitto astronomico, come vedremo in seguito comparandolo con l'*Astronomicon* di Marco Manilio del I secolo D.C. Infatti è di Gaurico una famosa orazione[1] composta a favore dei sostenitori dell'astrologia che cita gli antichi scrittori latini come Manilio.

*Le fonti bibliografiche*

Una seconda domanda cui è necessario rispondere è quale sia la fonte da cui gli artisti possono aver attinto per eseguire le iconografie delle costellazioni. Le immagini delle costellazioni zodiacali sono le più conosciute e rappresentate fin dal primo Medioevo; ne sono un esempio gli affreschi nel Palazzo della Ragione di Padova attribuiti a Giotto, che all'inizio del XIV secolo decorò le volte con motivi astrologici. Parimenti conosciamo la controparte iconografica anche di qualche costellazione extrazodiacale: una delle rappresentazioni più antiche è l'*Atlante Farnese*, databile al II secolo e rinvenuto alle Terme di Caracalla a Roma intorno al 1546.

Raffigurazioni di costellazioni extrazodiacali più antiche si trovano nei trattati arabi, di cui l'autore più importante è l'astronomo persiano Abd al-Rahman al Sufi, il quale nel 964 compose un saggio sulle cosiddette "stelle fisse" (*Descrizione delle stelle fisse* o *Libro delle stelle fisse*) unendo gli esaurienti cataloghi stellari di Tolomeo contenuti nell'*Almagesto* (pubblicato nel 150 D.C.) alle tradizionali costellazioni arabe. Ciò che non esiste ancora nel primo Rinascimento è un vademecum in cui sono rappresentate tutte le illustrazioni delle quarantotto costellazioni.

---

1. Vedi C. Vasori, *La difesa dell'astrologia Luca Gaurico*, lettere italiane Vol. 40, n° 3.

L'ultima riflessione è di carattere propriamente astronomico, poiché il susseguirsi delle costellazioni nei vari cassettoni del soffitto non rispecchia rigorosamente la loro localizzazione sulla sfera celeste e nemmeno i cicli mitologici rappresentati sono rigorosamente attinenti ai miti a loro associati. Alla luce di queste considerazioni si è reso necessario ipotizzare altre possibili fonti che non fossero rigorosamente astronomiche utilizzate dalle maestranze che lavorarono a Casa Provenzali. Tali fonti potevano essere i poemi latini di Igino e di Manilio. In particolare l'*Astronomicon* (come dimostrato Warburg[2]) di Manilio fu d'ispirazione a Pellegrino Prisciani per la rappresentazione della fascia superiore del Salone dei mesi a palazzo Schifanoia contenente gli dei che sovraintendono ai segni zodiacali.

Libero dal giogo scientifico in quanto astronomo del XXI secolo, osservando il soffitto ligneo con gli occhi di un astrologo del Rinascimento mi sono reso conto di ciò che i progettisti volevano rappresentare. Le stelle al momento visibili nel soffitto astronomico di Casa Provenzali sono 601. Un primo spiraglio si è aperto quando lo studio delle astrotesie presenti nelle varie costellazioni mi ha fornito la prova che la fonte si trovava nel *Poeticon Astronomicon* di Igino. È proprio la descrizione minuziosa che Igino dà del numero di stelle e della loro distribuzione all'interno delle costellazioni che ha confermato la mia ipotesi. Il poema di Igino del I secolo D.C. era molto conosciuto nel Rinascimento ed era considerato il testo di astronomia che s'insegnava nel quadrivio della scolastica. Il *Poeticon Astronomicon* rimase nella sua forma letteraria fino al 1482, quando a Venezia il tipografo tedesco Erhard Ratdolt lo arricchì con le illustrazioni delle quarantasei costellazioni. Rispetto alle tradizionali quarantotto costellazioni tolemaiche nell'edizione del 1482 mancano le costellazioni del Cavallino e della Corona

---

2.  Vedi A. Warburg, *Arte e astrologia nel Palazzo Schifanoia*, p. 28, editore Abscondita 2006.

Australe, mentre la costellazione del Lupo è unita a quella del Centauro. Non sappiamo chi sia realmente l'ideatore delle illustrazioni nel *Poeticon Astronomicon* del 1482, però sappiamo dagli appunti di Ratdolt[3] che nel 1476 creò una società con altri due tedeschi Bernhard Maler di Augusta – incisore e stampatore, definito *pictor* e conosciuto a Venezia con il nome di Bernardo il Pittore – e Peter Löslein di Langencen (attuale Langenzenn), bavarese, chiamato *corrector ac socius*.

Il sipario si è finalmente alzato sul soffitto astronomico di Casa Provenzali svelando non solo l'autore della meravigliosa scenografia, ma anche il suo sceneggiatore: il poeta latino Caio Julio Igino.

*Ringraziamenti*

Per la realizzazione di questo volume intendo ringraziare l'avvocato Cesare Benazzi per avermi permesso di studiare il soffitto ligneo e di pubblicarne le fotografie; la restauratrice Licia Tasini per avermi concesso di utilizzare la sua relazione sull'impianto astronomico di Casa Provenzali e per gli utili consigli forniti in più di una occasione. Ringrazio la RED ART Conservazione e Restauro di Federica Congiu e la supervisione tecnica di Luigi Soligo per le fotografie pre-restauro. Ringrazio il fotografo Gianluca Cludi per le fotografie eseguite del soffitto astronomico e l'architetto Alberto Ferraresi per la concessione delle fotografie del soffitto ligneo prima del restauro e della pianta della Sala delle costellazioni. E infine la professoressa Manuela Bolelli per gli utili consigli nella revisione dell'opera.

---

3.  Vedi R. Redgrave, *Erhard Ratdolt and His Work at Venice*, 1893, p. 3.

# L'origine delle costellazioni

Basandosi sull'effetto della precessione degli equinozi alcuni ricercatori – da Ovenden[1] ad altri – fanno risalire la nascita delle costellazioni al 2800 A.C. Poiché l'eclittica[2] è fissa rispetto alle stelle, il polo celeste e l'equatore lentamente si spostano; tale spostamento del Polo Nord si riflette in uno spostamento del Polo Sud, con la conseguenza che stelle molto meridionali come quelle del Centauro e della nave Argo erano a quell'epoca più visibili sopra all'orizzonte. Da ciò i ricercatori hanno dedotto che le costellazioni furono create in una zona posta alla latitudine di 36° Nord. Gli unici centri di civiltà plausibili all'epoca e alla latitudine giusta erano la Mesopotamia e il Mediterraneo.

Esiodo – che secondo Erodoto viveva nell'anno 884 A.C. – cita nel suo libro *Le Opere e i Giorni* le Pleiadi, Arturo, Orione e Sirio. Così scriveva Esiodo in merito ai lavori agresti: «Quando sorgono le Pleiadi, figlie di Atlante, comincia la mietitura; l'aratura, invece, al tramonto. Esse infatti stanno nascoste per quaranta giorni e per quaranta notti; poi, inoltrandosi l'anno, esse appaiono quando è il momento di affilare gli arnesi»[3].

---

1. Vedi M.W. Ovenden, *The Origin of the Constellations*, «The Philosophical Journal», vol. 3 n. 1, gennaio 1966, pp. 1-18.

2. L'eclittica è la traiettoria circolare descritta apparentemente in un anno dal Sole sulla sfera celeste ed è il piano di giacenza dell'orbita descritta dalla Terra intorno al Sole.

3. Vedi Esiodo, *Le opere e i giorni,* vv. 383-387, trad. L. Magugliani, editore BUR 2004.

Nella descrizione dello scudo di Achille Omero parla delle Pleiadi, delle Iadi, di Orione, dell'Orsa Maggiore: «che sola non ha parte a sé dé bagni dell'Oceano». Se l'Orsa Minore e il Drago fossero esistiti come costellazioni in quei tempi remoti come mai Omero avrebbe affermato che solamente l'Orsa Maggiore non si bagnava nell'Oceano, cioè non tramontava?

Intorno al polo
ella si gira, ed Orione riguarda
da' lavacri del mar sola divisa[4].

Nel Libro V dell'*Odissea* si trova che Ulisse dirige il corso della nave dopo l'osservazione delle Pleiadi e del Bifolco.

Le Pleiadi mirava
e il tardo a tramontar Boote, e l'Orsa
che detta pure il Carro e là si gira,
guardando sempre in Orione e sola
nel liquido Ocean sdegna tuffarsi[5].

Un secondo gruppo comprende le costellazioni che meglio hanno segnato le coordinate celesti, enormi serpenti, orsi e giganti che probabilmente sono stati inventati da un popolo mediterraneo per farne uso nella navigazione: consentivano di trovare il Polo Nord, oltre di potersi orientare.

I dodici segni dello zodiaco che si sono sviluppati in Mesopotamia dal 3200 al 500 A.C. erano segni degli dei e alla fine divennero importanti per l'astrologia; motivo per cui si diffusero rapidamente attraverso il mondo egiziano e mediterraneo subito dopo il 500 A.C.

---

4. Cfr. *Iliade*, Libro XVIII, v. 672.
5. Cfr. *Odissea*, Libro V, v. 349.

La più antica descrizione che conosciamo delle costellazioni greche, la loro forma e la posizione delle varie stelle è dovuta ad Eudosso (410-350 A.C. circa) ed è risalente circa al 370 A.C. Si narra che Eudosso vide un globo su cui erano riportate le varie costellazioni e su cui erano state indicate le coordinate. Compose allora un'opera conosciuta come i *Fenomeni*, dove descrisse le costellazioni allora conosciute; inoltre c'è data la possibilità di ricostruire quest'opera attraverso il Libro IX del *De Architectura* di Vitruvio (15 A.C. circa). L'opera di Eudosso, divenuta un classico in epoca antica, fu molto apprezzata in età medievale. Si deve poi ad Arato di Soli (315-245 A.C. circa) l'aver affermato che la creazione di costellazioni abbia permesso di superare il disordine apparente del cielo; nelle costellazioni sta l'ordine dell'universo disegnato da una mente divina ed esistendo da sempre sono il prodotto del piano di Zeus[6].

Si possono quindi individuare delle fasi ben precise che hanno portato allo sviluppo della nascita delle costellazioni:

1. nella prima fase le stelle omeriche;
2. nella seconda le costellazioni che hanno occupato un ruolo nel calendario;
3. nella terza le costellazioni dello zodiaco;
4. infine la quarta in cui le costellazioni furono identificate dagli astronomi e sulle quali i poeti concepirono interi cicli di miti.

Le costellazioni antiche, non essendo nate tutte nella medesima epoca, hanno subito dei cambiamenti. Ne è un esempio la costellazione della Bilancia nata intorno all'era di Augusto a spese delle Chele dello Scorpione, che allora occupava uno spazio immenso. Così pure il Piccolo Cavallo è una creazione di Ipparco, che nel *Tetrabiblos* (II secolo D.C.) viene citato da Tolomeo semplicemente come il Cavallo. Vi furono costellazioni che cambiarono il loro

---

6. Cfr. il proemio dei *Fenomeni*, v.1-8, (a cura di) V. Lanzara, Garzanti 2020.

nome primitivo fino a mutare in quello di un eroe greco. Arato descrive una costellazione boreale ancora indistinta, così come la sua postura:

> Una figura simile a un uomo che soffre. Nessuno può dire chi sia questo personaggio su cui pesa una tale fatica, ma lo chiamano "l'Inginocchiato". Si direbbe che pieghi le ginocchia per lo sforzo, mentre dalle spalle le sue braccia si levano e si allontanano tra loro, e con la punta del piede s'appoggia sulla parte destra del dragone sinuoso[7].

Quello che per Arato e Igino è l'Inginocchiato (*Engònasi*) diventerà in seguito Ercole.

Non è certo con Arato che inizia la tradizione del catasterismo[8], ma è in età alessandrina che i catasterismi vengono consacrati e – come testimonia l'opera di Eratostene – codificati in veri e propri sistemi. Ne è esempio la Chioma di Berenice, che per gli Antichi era la Coda del Leone, creata dall'astronomo Conone di Samo verso il 245 A.C. come la capigliatura o le trecce della moglie di Tolomeo III d'Egitto, Berenice II di Cirene. È interessante notare come la Chioma di Berenice fosse già citata da Tolomeo nel *Tetrabiblos*[9], anche se divenne costellazione a sé stante solo nel 1590 nel catalogo di Thyco Brahe.

Molto probabilmente all'inizio si identificavano solo le stelle più luminose come Sirio e Arturo, che apparivano isolate; poi le stelle vennero raggruppate per consentire, accostandole tra loro in un certo ordine, di disegnare forme di figure mitologiche.

Fu poi con Eratostene che le stelle vennero collocate all'interno del mito. Dietro a ogni costellazione stava un racconto, o meglio

---

7. Cfr. *Ibidem*, v. 66-78.

8. Il catasterismo, che letteralmente significa "colloco tra le stelle", è nella mitologia greco-romana il processo attraverso il quale un eroe o una divinità viene tramutato in astro oppure in una costellazione.

9. Vedi Tolomeo, *Tetrabiblos*, Libro I, ver. IX.

una pluralità di racconti. Le costellazioni si prestavano assai bene per creare interi cicli mitologici, che divennero un racconto scritto nel cielo non solo riservato a eruditi e astrologi ma esteso al più vasto pubblico. Ne sono un esempio particolare le costellazioni legate al mito di Perseo Andromeda, Cefeo e Cassiopea, che presuppongono una sistemazione unitaria in una sezione di cielo. Questa sequenzialità è rigorosamente mantenuta nel soffitto ligneo di Casa Provenzali e nell'*Astronomicon* di Manilio.

Il cielo non è rimasto immutato nei secoli. Il poema di Igino fissa la situazione delle conoscenze astronomiche circa alla fine del I secolo A.C. sulla base di autori alessandrini quali Arato ed Eratostene. Il cielo di Igino è ancora diverso da quello di Tolomeo, il quale resterà dominante fino al Rinascimento. La descrizione delle stelle contenute nel *Poeticon Astronomicon* è sicuramente avveniristica rispetto alla descrizione data da Arato e assomiglia più a quella di Ipparco; ovviamente è ancora ben lontana da quella di Tolomeo, poiché Igino descrive circa 710 stelle mentre il catalogo di Tolomeo ne descrive 1027.

# Il *Poeticon Astronomicon* di Igino

Non conosciamo con certezza chi sia Igino, sappiamo solo che Gaio Giulio Igino nacque in Spagna di nascita servile e fu portato a Roma come schiavo da Cesare nel 45 A.C. all'età di diciannove anni, come ci racconta Svetonio nel *De Grammaticis*[1]. Igino, dotto poligrafo, affrancato da Augusto diverrà direttore della Biblioteca palatina e molto amico di Ovidio; avrà un peso rilevante nel guidarlo nella stesura delle *Metamorfosi*. Scrisse numerose opere nei campi più svariati: dall'agricoltura alla grammatica, alla mitologia. Igino morirà a Roma nel 17 D.C. circa. Altri studiosi ritengono che il *Poeticon Astronomicon* non sia stato composto da "Igino il bibliotecario" ma da un omonimo conosciuto come "Igino l'astronomo" vissuto nel I secolo D.C.

Comunque sia il poema composto da Igino – che sarà la chiave per spiegare in modo razionale il soffitto astronomico di Casa Provenzali – è il *De Astronomia*, intitolato anche *Astronomica* o *Poeticon Astronomicon*. Quest'opera composta di quattro libri, nel Libro I contiene un'introduzione a concetti astronomici: la sfera celeste; i circoli celesti fondamentali; l'equatore; i tropici e l'eclittica; la Terra e le sue zone. Nel Libro II descrive i catasterismi che portano a fissare in quarantadue le costellazioni note e riunisce quelle che ora sono singole costellazioni in un unico catasterismo: ad esempio il Serpente e l'Ofiuco oppure l'Idra, il Corvo e la Coppa. La costellazione della Bilancia non è citata ma è inglobata nello Scorpione e la chiama semplicemente le Chele.

---

1. Vedi Svetonio, *Gramm*, 20.

La costellazione della Corona Australe non è riconosciuta come tale perché sono deboli stelle poste nello zoccolo del Sagittario. Nel Libro III – il più importante per la nostra tesi – Igino definisce la posizione delle quarantasette costellazioni così ottenute sulla volta celeste, il numero e la disposizione delle stelle spiegandone la disposizione all'interno del disegno (astrotesia). Infine nel Libro IV descrive la posizione delle costellazioni rispetto ai tropici e all'equatore, ai movimenti della sfera celeste, ai sincronismi tra il sorgere e il tramontare dei segni zodiacali e ai movimenti dei pianeti.

Un altro forte indizio è che la rassegna dei segni zodiacali in Igino non comincia come in Arato, Ipparco e Cicerone dal Cancro bensì, secondo la nuova impostazione data da Nigidio Figulo[2] e tutt'ora in corso, dal segno zodiacale dell'Ariete: «Partendo infatti dall'Ariete, il Sole dà inizio alla primavera e attraversando il Toro e Gemelli conserva il riferimento alla primavera»[3].

Come riportato nei *Phaenomena* di Arato[4] questi, accogliendo la tradizione greco-egizia sintonizzata con la piena del Nilo e la levata eliaca di Sirio, partiva dal solstizio d'estate (cioè dal Cancro); Igino invece con Vitruvio e sulla scia di Ipparco e dei Caldei preferisce partire dall'Ariete. Lo stesso Manilio parte dall'Ariete come primo segno zodiacale: «Apre la rassegna l'Ariete nello splendore del suo Vello d'oro che guarda all'indietro con meraviglia il sorgere contrario del Toro, il quale invita i Gemelli dal viso e dalla fronte abbassati, al cui seguito è il Cancro, e del Cancro il Leone, e del Leone la Vergine»[5]. Il *Poeticon Astronomicon* fu probabilmente molto conosciuto e studiato a Roma, al pari dei testi di Cicerone, ma anche nel Medioevo

---

2. Vedi N. d'Anna, *Publio Nigidio Figulo, un pitagorico a Roma nel I secolo a.C.*, Archè 2008, p. 69.

3. Cfr. Igino, *Poeticon Astronomicon*, Libro I, De Polo.

4. Cfr. *Fenomeni*, v. 330-334, (a cura di) V. Lanzara, Garzanti 2020.

5. Cfr. Manilio, *Astronomicon*, Libro II, vv. 263-266.

quando Isidoro di Siviglia (VI-VII secolo D.C.) se ne servì nella stesura delle sue *Origines* per l'etimologia dei nomi delle costellazioni. La nostra conoscenza sul testo si basa su una moltitudine di manoscritti (più di settanta) d'inestimabile valore, dal IX al XII secolo. Pare che il testo iniziò a diffondersi tra i letterati almeno a partire del XIV secolo, poi per tutto il Rinascimento le edizioni si moltiplicarono.

Il successo dell'opera è sicuramente dovuto alle immagini che lo accompagnavano. Si sono conservate quelle dell'Harleianus 2506 del British Museum (XI secolo) e i diciannove disegni del Paulensis del monastero di San Paolo in Carinzia (XI secolo)[6]. La chiara destinazione pedagogica di quest'opera per lo studio della cosmografia permise all'astronomia di entrare nel quadrivio delle materie degli studi medievali. Esistono varie versioni del *Poeticon Astronomicon* ma solo alcune le possiamo considerare delle vere e proprie pietre miliari. L'edizione più importante è quella di Agostino Carnerius edita a Ferrara nel 1475, che non conteneva alcuna illustrazione delle costellazioni[7]. Diverse edizioni apparvero poi a Venezia, di

---

6. Vedi (a cura di) G. Chiarini e G. Guidorizzi, *Mitologia astrale, Igino,* Adelphi, Milano 2009.

7. Vedi G. Antonelli, *Ricerche bibliografiche sulle edizioni ferraresi del secolo XV,* Gaetano Bresciani, Ferrara 1830, p. 30. *Na6 Hygini Poeticon Astronomicon, Ferrariae Carnerius 1475,* in 4°. Commento: «mancano le iniziali e le figure, ma vi restano gli spazj onde farvele a penna, e a colori». Alla fine la nota tipografica: «*Sidera cum causis caelo translata sub altro scire cupit quis quis prelegato iginium: Hunc Augustinus Bernardi impressit alumnus dum prius alcides regna secuna tenet: Roma sous spectet: venetum q3 [così] potentia libros hos Augustini nobile uincit opus:* M°.CCCC°. LXXIIIII°. L'esemplare con le figure fatte a penna, che ho sott'occhio ben conservato, esiste nella biblioteca Costabili. Prima edizione, sconosciuta al De Bure (*Jurisprudence et des Sciences,* p. 517) che pose per prima quella di Venezia per Erhardum Raldolt 1482 in 4°. Il Santander la dice: «*primière èdition infiniment rare, dont on ne connait presque pas d'exemplaires*».

cui una nell'ottobre del 1482 di J. Sentinus e J. Santritter, che conteneva le prime illustrazioni delle costellazioni[8]. Seguirà poi, ancora a Venezia, la seconda edizione del 22 gennaio 1485, sempre stampata da Ratdolt di Augusta con le medesime illustrazioni dell'edizione del 1482. Altre edizioni sono state eseguite del *Poeticon* sia in Italia sia all'estero; tanto per citarne alcune edite prima del Settecento[9]: 1488 Th. De Blavis; 1502 B. Sessa; a Pavia 1513; a Colonia nel (1534 e nel 1539, J. Soter); a Bale (1535 e 1549, J. Micyllus nome latinizzato di Molsheym); a Parigi (1559, G. Morelius con diversi *Aratea*); a Colonia (1569, Th. Graminaeus con diversi *Aratea*); ad Heidelberg (1589, Commelius); a Leida (1608, J. de Gabiano) e infine ad Amburgo e Amsterdam (1674, J. Scheffer).

*Le magnitudini stellari*

Prima di affrontare l'analisi delle varie costellazioni e delle stelle in esse contenute è necessario approfondire un termine che spesso ricorrerà nelle note: la *magnitudine* o *grandezza* di una stella. Questa nozione si collega a osservazioni che ciascuno di noi può fare guardando il cielo stellato e cioè come le stelle non appaiano tutte egualmente brillanti. Vi sono stelle abbastanza deboli, per esempio la Polare, o appena percepibili a occhio nudo, così come stelle molto luminose quali Sirio, Vega, Capella. Nelle costellazioni

---

8. Vedi E. Harwood, *Degli autori classici sacri profani greci e latini*, parte seconda, Antonio Astolfi, Venezia 1793, p. 124. Si legge: «*Poeticon Astronomicon*, 4to. Ferrar. 1475. Rarissima e sconosciuta edizione, la quale dà versi posti alla fine si rileva essere stata fatta in Ferrara, da agostino Carnerio, l'anno surriferito 1475. Ex recens. Jacobi Sentini, & Jo. Santritter, 4to. Ven. Erhardus Ratdolt, cum figuris, 1482, 4to. Ven Thomas de Blavis, 1485, & 1488".

9. Cfr. A. le Boefflè, *Hygin l'Astronomie*, Paris, Les belles Lettres, 2019, p. LXIX.

del soffitto ligneo di Casa Provenzali sono rappresentate le stelle con dovizia di particolari nella loro collocazione spaziale, ma non solo; esiste anche una distinzione per definire quelle più luminose da quelle più deboli; l'artista le ha rappresentate con asterismi diversi: le stelle luminose hanno dimensioni più grandi rispetto alle più deboli.

La prima classificazione, che prende il nome di *scala delle magnitudini*, fu introdotta dall'astronomo greco Ipparco di Nicea nel II secolo A.C. Definì le più brillanti come stelle di 1ª grandezza o di magnitudine apparente 1, quelle un po' più deboli di 2ª, quindi stelle sempre più deboli fino alla 6ª (magnitudine apparente 6). Misure moderne della luminosità – cioè della quantità di energia emessa ogni secondo – hanno mostrato che le stelle della 6ª magnitudine sono cento volte meno luminose di quelle della prima; il che significa che la classificazione di Ipparco pone in classi di magnitudine consecutive stelle che in media sono circa 2,5 volte meno brillanti. Si noti che il valore della magnitudine è tanto più grande quanto più la stella è debole.

Si stabilì quindi che due stelle le cui luminosità siano nel rapporto 1 a 100 dovessero differire di cinque unità esatte in magnitudine. Le magnitudini delle stelle riportate sono quelle contenute nell'*Almagesto* di Tolomeo[10], mentre la fonte dell'origine dei nomi delle stelle sono tratte dal libro *A dictionary of modern star names* di Paul Kunitzsch.

---

10. Vedi C.H.F. Peters e E.B. Knobel, *Ptolemy's catalogue of stars. A revision of the Almagest*, The Carnegie Institution, Washington 1915.

# CASA PROVENZALI

Casa Provenzali sorge sull'omonima via perpendicolare di Corso del Guercino a Cento di Ferrara. Della famiglia Provenzali abbiamo qualche traccia dal libro di Giovanni Francesco Erri: «La famiglia Provenzali ebbe principio da un certo Provenco tenente d'una Compagnia di Cavalli per la Maestà Cristianissima del Re di Francia, il quale dopo aver cooperato con gli altri Francesi all'acquisto di molti Stati valorosamente per il suo Re, s'accasò in Cento. Da essa derivò Marcello Provenzali, celebre e insigne nella pittura, e né lavori di mosaico»[1].

Edificata nel XVI secolo, è tutt'ora adibita ad abitazione privata e proprietà della famiglia Benazzi. Diversi sono stati i proprietari della casa: i Tiazzi, Carandini, Verdi, Bertuzzi e dalla seconda metà dell'Ottocento Vito Diana[2]. Gli affreschi del Guercino che raffigurano le gesta di Provenco sono nella sala superiore, ma non erano visibili fino al restauro del 2019 perché rimanevano nascosti nell'intercapedine tra l'antico soffitto e uno più basso costruito nella metà dell'Ottocento. Gli affreschi sulle gesta di Proveco furono commissionati da Alberto Provenzali[3], fratello del più celebre

---

1. Cfr. G.F. Erri, *Dell'origine di Cento e di sua pieve della estensione, de' limiti, e degl'interramenti delle valli circumpadane*, Bologna 1769, p. 298.

2. Vedi J.A. Calvi, *Notizie della vita e delle opere del cavaliere G.F. Barbieri detto il Guercino* in C.C. Malvasia, *Felsina Pittrice*, Libro II, Bologna 1841, p. 281.

3. Vedi R. Roli, *I fregi centesi del Guercino*, Patron, Bologna 1968; oppure (a cura di) D. Mahon, *Il Guercino, Dipinti*, Minerva edizioni, Bologna 2013, p. 12.

micromosaicista Marcello Provenzali. Lo stato di conservazione del soffitto ligneo è definito *molto deteriorato* e contenente cartigli, mascheroni e segni zodiacali dove non vengono riconosciute le altre costellazioni. Ritornato alla luce dopo la rimozione del controsoffitto nel 2019, il soffitto policromo è costituito da un tavolato poggiante su due travoni lignei dipinti che rivestono quelli portanti. Le congiunzioni degli assi che li compongono – occultate da striscie di tela – danno continuità alle raffigurazioni, in tutto quarantotto, scandite da travetti decorati. Le iconografie delle costellazioni tolemaiche sono rappresentate tra volute di acanto e putti che alternativamente reggono ghirlande o panneggi intervallate da mascheroni, tra cartigli e festoni.

## Il soffitto astronomico di Casa Provenzali

La sala contenente il soffitto astronomico è un rettangolo irregolare delle dimensioni di 9,20 metri per 7,30 metri, per un'altezza di 5,76 metri. Nel soffitto ligneo la disposizione delle costellazioni non è regolare e non segue la suddivisione astronomica del cielo in fasce sulla base dei circoli polari, dei tropici e dell'equatore.

Analizzando la disposizione delle costellazioni nelle tre fasce in cui è suddiviso il soffitto astronomico si osserva che la prima costellazione posta nell'angolo nordest della fascia superiore è l'Orsa Maggiore, seguita dal Drago e dall'Orsa Minore e queste sono costellazioni prossime al Polo Artico. Proseguendo si susseguono la costellazione dell'Auriga e del Triangolo, che invece sono a ridosso dell'eclittica, e quelle che si trovano fra il Circolo polare artico e il Tropico del Cancro, Perseo, Andromeda, Cassiopea, Cefeo, Cigno, Lira. Le costellazioni di Pegaso, del Cavallino, della Freccia, dell'Aquila e del Delfino – che sono poste tra Cefeo e la Lira – si trovano fra il Tropico del Cancro e l'Equatore celeste. È evidente che le costellazioni sopra elencate (nella fascia superiore) sono boreali, tuttavia la loro disposizione pare casuale. Nella fascia centrale sono poi posizionate le restanti costellazioni boreali del Boote, della Corona Boreale, di Ercole e dell'Ofiuco; seguono le costellazioni zodiacali che si trovano sull'eclittica, iniziando dal segno dell'Ariete.

Igino fa iniziare le costellazioni zodiacali con il segno dell'Ariete; sia Eudosso che Eratostene indicavano invece come primo segno dello zodiaco il Cancro. Ciò può essere considerato un indizio non trascurabile ai fini dell'identificazione della fonte per la realizzazione del ciclo astronomico. Si susseguono poi nel soffitto gli altri undici segni zodiacali: Toro, Gemelli, Cancro, Leone, Vergine, Bilancia, Scorpione, Sagittario, Capricorno e Acquario posti prevalentemente nella fascia mediana del soffitto ligneo. Fa eccezione la costellazione dei Pesci, che si trova nella fascia sottostante.

L'ultima fascia contiene solo le costellazioni australi e la prima che si incontra dopo quella dei Pesci è l'Altare; essendo però quest'ultima una costellazione prossima al Circolo polare antartico avrebbe dovuto essere localizzata lontano dalla fascia zodiacale. Probabilmente nel collocare le varie costellazioni australi l'ideatore dell'impianto astronomico ha privilegiato il mito associato. Infatti troviamo un primo mito rappresentato dalle costellazioni dell'Ara, del Lupo e del Centauro e un secondo ciclo mitologico rappresentato dal Corvo, la Coppa e l'Idra. Anche il ciclo della caccia di Orione è ben raffigurato essendovi poste nelle vicinanze le costellazioni dei Cani e della Lepre.

Come si può notare siamo in presenza di una disposizione piuttosto caotica delle costellazioni dal punto di vista della reale localizzazione astronomica; ma si può affermare con certezza che la fascia superiore e parte di quella mediana contengono le costellazioni boreali poste a nord dell'eclittica; seguono poi la fascia zodiacale e infine le costellazioni australi poste nella fascia inferiore, che si trovano al di sotto dell'eclittica.

Per una possibile datazione del soffitto abbiamo due forti discriminanti: una è la costellazione dell'Auriga, poiché spesso è raffigurato senza il carro; l'altra è Cassiopea assisa sul trono con le mani legate e due tralci, in una tipica rappresentazione latina.

Infine una più debole, che sarà la costellazione del Cancro, raffigurato sia come un Gambero sia come un Granchio. Si può ipotizzare che la datazione di un'edizione del *Poeticon* che possieda queste tre caratteristiche sia l'ideale per stabilire una possibile localizzazione cronologica in cui il soffitto astronomico è stato realizzato.

L'edizione del 1570 che contiene le *Fabulae*, il *Poeticon Astronomicon* illustrato e i *Phaenomena* di Arato tradotti da Germanico sembra avere questi requisiti, anche se in seguito farò sempre riferimento all'edizione del 1482. L'edizione del 1570 ha le seguenti raffigurazioni: l'Auriga si trova su un carro con due ruote; i Gemelli non hanno le ali; il Cancro è un gambero; il Delfino spalanca le fauci su di un muso prominente; il Capricorno ha quattro zampe e non la coda di un pesce e la Carena è rappresentata come una nave intera e non solo con la metà posteriore come riportato nell'edizione del 1482. Queste raffigurazioni sono più consone a quelle rappresentate nel soffitto astronomico di Casa Provenzali.

Inoltre per la datazione del soffitto ligneo non possiamo ignorare che la bolla di Sisto v del 1586 *Contra exercentes astrologiae iudiciariae artem* proibiva la pratica astrologica e le sue rappresentazioni. Gli affreschi del Guercino sulle gesta di Provenco sono datati 1614 circa e il soffitto ligneo esisteva già da prima. Che il soffitto sia precedente agli affreschi lo si deduce da alcuni particolari pittorici del fregio che continuano su alcune parti lignee del soffitto, comprese le ombre di alcune figure a monocromo di Giove e Nettuno.

Igino inizia la descrizione delle costellazioni partendo dall'Orsa Maggiore:

Cominciamo la descrizione del polo boreale, dove stanno fisse le due Orse, chiuse nel Circolo artico e collocate in modo che, sdraiate sul dorso, ciascuna di loro sembra coprire la testa dell'altra, ma che la testa di quella che sta più in alto è orientata verso la coda di quella che sta più in basso[4].

---

4. Vedi G.Chiarini e G. Guidorizzi, *Mitologia astrale*, Adelphi edizioni 2009, p. 61. Oppure Igino, Libro III.

Nella raffigurazione del *Poeticon Astronomicon* di Igino le due Orse sono assieme al Drago in un'unica rappresentazione. L'artista che ha dipinto il soffitto ligneo ha separato le tre immagini ponendo come prima costellazione l'Orsa Maggiore, cui segue il Drago e l'Orsa Minore.

Anche Manilio nell'*Astronomicon* indica come prima costellazione l'Orsa Maggiore:

E l'arco maggiore lo sviluppa l'Elice maggiore (sette stelle la distinguono, in gara di luminosità tra loro) [...] [Orsa Maggiore]. La piccola Cinosura si muove lungo un'orbita angusta, tanto d'estensione quanto di luce minore [...] [Orsa Minore]. Disteso tra costoro e all'intorno abbracciandole, entrambe separa e circonda il Serpente con ardenti stelle[5].

La sequenza con cui si susseguono le costellazioni nei vari cassettoni non segue quella indicata da Igino nel *Poeticon* ma in parte è conforme all'elenco dato da Manilio nel Libro I dell'*Astronomicon*[6]. Sono giunte fino a noi varie rappresentazioni di asterismi sovrapposti all'immagine iconologica della costellazione; come nei manoscritti di Aratea, che sono codici che contengono traduzioni e commenti latini ai *Fenomeni* di Arato. Ma anche nel *Vaticanus Graecus* 1087 del XIV secolo, in cui viene descritta la costellazione di Ercole[7]. Nello stesso Salone dei mesi di Palazzo Schifanoia, il cui ciclo pittorico è del 1470, sono visibili delle stelle sovraimpresse ai segni zodiacali. Sebbene la disposizione delle stelle all'interno della figura non sia l'effettiva localizzazione che esse hanno sulle carte stellari, le stelle sono sovrapposte all'immagine secondo l'ordine

---

5. Vedi Manilio, *Astronomicon*, Libro I, (a cura di) S. Feraboli, E. Flores, R. Scarcia, p. 33, vv. 296-306.

6. Vedi *Ibidem*, p. 33-48, vv. 296-460.

7. Vedi Eratostene, *Epitome dei catasterismi*, (a cura di) A. Santoni, ETS, Pisa 2009, p. 23.

che Igino ne dà nel *Poeticon*. Esiste un altro particolare interessante contenuto nel soffitto astronomico. Nel *Poeticon* non si fa riferimento alla costellazione della Corona Australe, essa infatti sarà identificata solo in seguito come costellazione composta dalle deboli stelle poste nel piede del Sagittario. Probabilmente l'artista che ha raffigurato il soffitto si è trovato in difficoltà nel dover rappresentare due corone distinte e avendo a disposizione solo una possibile versione ne ha creata un'altra simile alla Corona Boreale.

Poiché il soffitto ligneo è chiaramente una rappresentazione del *Poeticon Astronomicon* ha più senso parlare di "soffitto astronomico" che di una rappresentazione astrologica. Infatti Igino non fa alcun riferimento agli influssi degli astri sulla vita umana, come avviene nel *Tetrabiblos* di Tolomeo. I cicli di Schifanoia e di Palazzo della Ragione a Padova – tanto per citare i più importanti – sono strettamente astrologici perché utilizzano testi puramente divinatori, soprattutto l'*Introductorius majus* di Albumasar e il testo magico-esoterico del *Picatrix*.

Che il poema di Igino circolasse intensamente nel Medioevo tra gli artisti che operavano nella attuale regione emilianoromagnola ne abbiamo conferma sia nella rocca di Minerbio che nella rocca Malatestiana di Gradara, con particolare riferimento al camerino di Lucrezia Borgia. A Minerbio accanto agli affreschi di Aspertini del 1535 sono presenti nel loggiato antistante la sala dell'astronomia raffigurazioni mitologiche di non pregevole fattura artistica e di cui non esiste una datazione, ma che sono di notevole importanza per la ricerca delle fonti attendibili utilizzate dagli artisti. I carri trionfali dei pianeti così come rappresentati nella *Poetica* di Igino si ritrovano fedelmente nel porticato della rocca di Minerbio e di Gradara

L'immagine sottostante rappresenta il pianeta Venere presente nel loggiato della rocca di Minerbio (foto Sandro Zannarini).

Rimozione del controsoffitto, per gentile concessione dell'architetto Alberto Ferraresi.

Particolare del soffitto ligneo prima del restauro. Costellazioni di Cancro, Leone, Vergine, Bilancia, Scorpione, Sagittario, Capricorno e Acquario. Per gentile concessione della RED ART Conservazione e Restauro di Federica Congiu.

Particolare del soffitto ligneo prima del restauro. Costellazioni della Carena, dei Cani Minore e Maggiore, Orione, Lepre, Eridano, Balena, Pesce Australe e Corona Australe. Per gentile concessione della RED ART Conservazione e Restauro di Federica Congiu.

Particolare del soffitto ligneo prima del restauro. Costellazioni di Ercole e Ofiuco. Per gentile concessione della RED ART Conservazione e Restauro di Federica Congiu.

Particolare del soffitto ligneo prima del restauro. Costellazioni del Serpente e dell'Ariete. Per gentile concessione della RED ART Conservazione e Restauro di Federica Congiu.

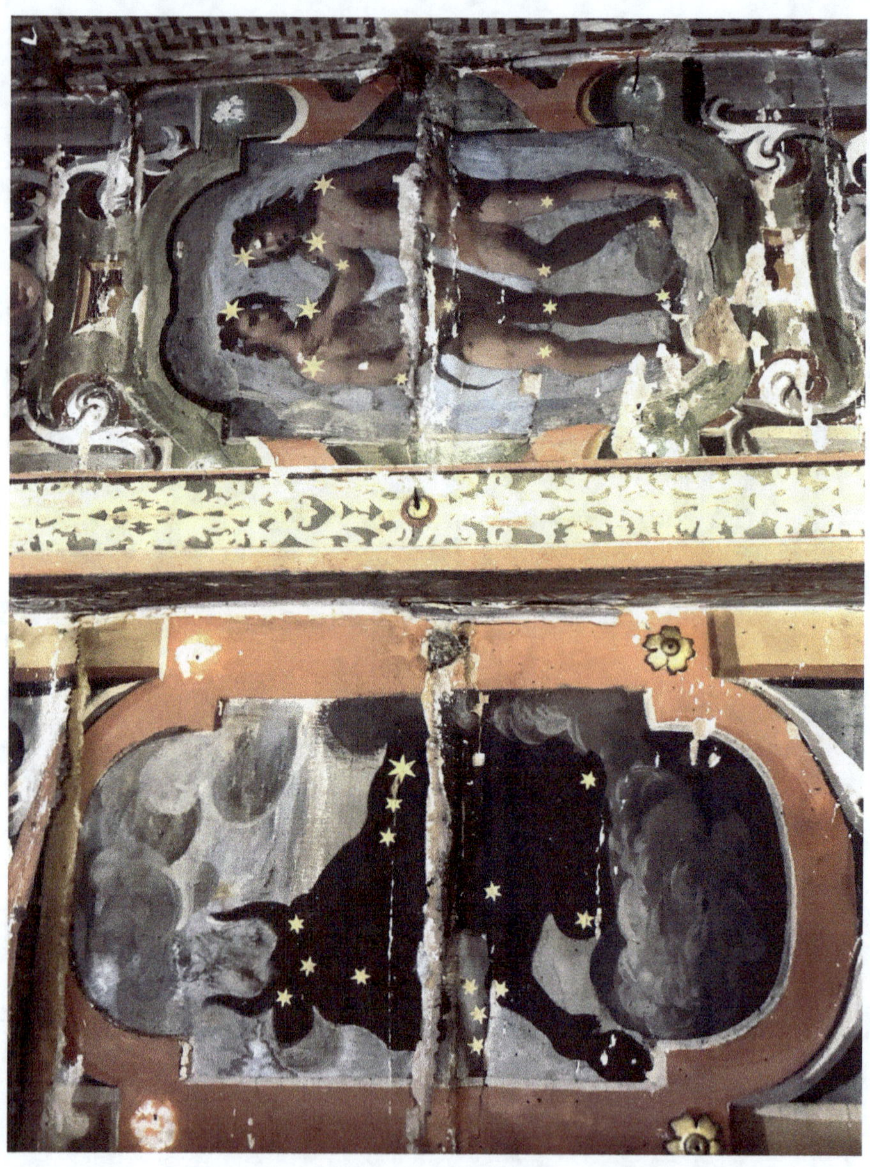

Particolare del soffitto ligneo prima del restauro. Costellazioni del Toro e dei Gemelli. Per gentile concessione della RED ART Conservazione e Restauro di Federica Congiu.

Particolare del soffitto ligneo prima del restauro. Costellazioni di Eridano e della Balena. Per gentile concessione della RED ART Conservazione e Restauro di Federica Congiu.

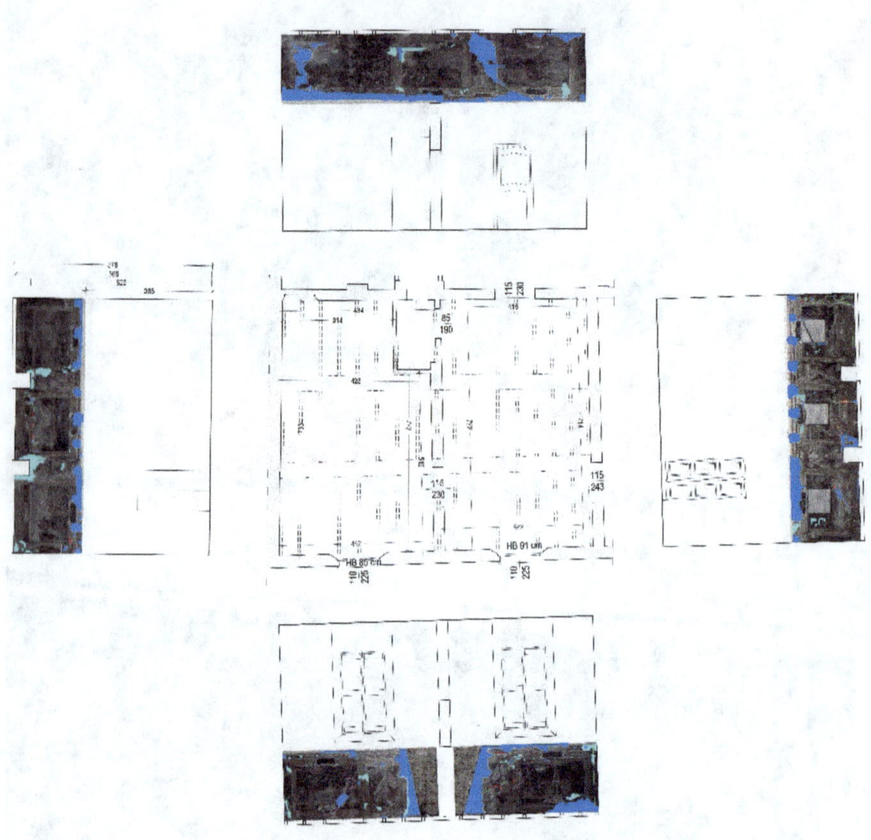

Pianta della sala delle costellazioni, per gentile concessione dell'architetto Alberto Ferraresi.

# Costellazioni

L'Orsa Maggiore raffigurata a Casa Provenzali

# Costellazione dell'Orsa Maggiore

Xilografia tratta dal *Poeticon Astronomicon* di Igino del 1482.

Molte interpretazioni furono date alle sette stelle del Grande Carro: Cicerone le chiamò i *Septem Triones*, i sette buoi dei quali è guardiano il Boote (da cui il termine *settentrione* per indicare il Nord); gli Inglesi la chiamavano la Casseruola; per gli Arabi rappresentavano un feretro seguito dalle prefiche, o piagnoni; per i Babilonesi la costellazione rappresentava un carro MAR.GID.DA[1]; per gli Egiziani un ippopotamo, chiamato nei geroglifici Horus-Apolon. Sicuramente la disposizione delle stelle non suggerisce l'immagine di un'orsa, ma forse i popoli del Nord, il cui pensiero dominante era rivolto alla caccia, potrebbero avervi visto qualche somiglianza. Infatti in America settentrionale gli Irochesi riconoscevano nelle stelle del famoso quadrilatero un orso (*Okuari*) inseguito da tre cacciatori rappresentati con le tre stelle del timone o della coda[2].

A ogni modo tutti i nomi delle sette stelle costituenti l'Orsa Maggiore sono di origine araba. Il nome della stella α Dubhe deriva dall'arabo *Al-Thahr-al-Dubb-al-Akbar* [il Dorso del Grande Orso]. La stella β Merak è l'abbreviazione di *Merak-al-Dubb-al-Akbar* [le Reni del Grande Orso]. La stella γ è chiamata Fegda o Fechda, che deriva da *Fekhah-al-dubb-alakbar* [la Coscia del Grande Orso], e così la δ Megrez deriva il suo nome da *Maghrez-al-dubb-al-akbar* [la Radice della Coda]. La stella ε, identificata come la prima della coda, è Alioth; Ulugh-Beight la chiamava *Al-Jun* [il Cavallo nero]. Ancor più strana è la stella ζ Mizar [Cintura di stoffa, o Grembiule]; il cui nome arabo era *Al-marāqq* (Merak), lo stesso già usato per la β. Nel XVI secolo Giulio Cesare Scaligero ne modificò il nome in quello attuale. I Cinesi chiamavano la costellazione dell'Orsa Maggiore *Tseih Sing* [le Sette stelle], oppure *Ti-Tche* [il Carro del Sovrano]. I Greci la chiamavano invece Elice a causa del suo moto rotatorio intorno al Polo[3].

Nella leggenda greca l'Orsa Maggiore era in origine la ninfa Callisto, figlia di Licaone re di Arcadia, che aveva fatto voto di verginità e passava la vita cacciando in montagna nella schiera delle compagne d'Artemide. Zeus si unì a lei assumendo le sembianze di Artemide poiché Callisto fuggiva tutti gli uomini e con lei generò un figlio, Arcade. Callisto era incinta di Arcade quando un giorno Artemide e le sue compagne decisero di bagnarsi a una fonte: Callisto dovette svestirsi e la sua colpa fu svelata. Incollerita, Artemide la cacciò e la trasformò in Orsa. Quando Arcade fu adulto un giorno a caccia incontrò la madre, che aveva ora l'aspetto di un'orsa. L'inseguì, l'animale si rifugiò nel tempio di Zeus Licio e Arcade penetrò dietro di lei nel recinto sacro. Una legge del paese puniva con la morte chiunque penetrasse così nel tempio. Ma Zeus ebbe pietà di loro e per evitare che fossero uccisi li trasformò in costellazioni: l'Orsa e il suo guardiano Arturo[4]. Tale costellazione essendo circumpolare non tramonta mai. Igino in un altro racconto giustifica[5] tale fatto astronomico in un episodio mitologico dove Teti, la moglie di Oceano, era stata nutrice di Giunone la quale per vendetta aveva fatto uccidere la rivale Callisto. Teti per vendetta non volle accogliere nel mare le stelle dell'Orsa Maggiore, che sono tutt'ora destinate a non tramontare mai.

Nelle pagine che seguiranno confronteremo la posizione delle stelle che costituiscono la costellazione in esame tra quelle riportate nel *Poeticon Astronomicon* con la loro controparte visiva rappresentata nel soffitto ligneo, al fine di poter determinare una possibile fonte certa da cui le illustrazioni e le astrotesie possono essere state attinte a modello. Occorrerà anche valutare se la sequenza con cui le costellazioni si susseguono nei vari cassettoni sia casuale oppure segua l'ordine con cui sono citate nell'*Astronomicon* di Manilio. Avevamo già sottolineato nei paragrafi precedenti che le costellazioni nel soffitto seguono tale disposizione: sono raffigurate le costellazioni poste a nord della fascia dello zodiaco, poi la fascia zodiacale e infine le costellazioni australi. Nel raffigurare le costellazioni boreali l'artista che ha eseguito le figure ha scorporato le tre costellazioni – l'Orsa maggiore, il Drago e l'Orsa Minore – che nel *Poeticon Astronomicon* sono invece rappresentate in un'unica xilografia in tre distinti cassettoni. Per Manilio la prima costellazione è l'Orsa Maggiore: «Alla sommità si trovano costellazioni che sono notissime ai miseri naviganti e che li guidano, bramosi d'attraversare l'immenso mare. La maggiore Elice[6] descrive un arco più grande. Sette stelle gareggianti in splendore la distinguono: è sotto la sua guida che le greche navi sciolgono le vele attraverso i flutti»[7].

Anche per Igino la prima costellazione è l'Orsa Maggiore, mentre nel *Tetrabiblos* Tolomeo cita come prima costellazione l'Orsa Minore: «nella parte settentrionale dello zodiaco, le stelle della Piccola Orsa sono un po' saturnine e un po' venusiane, mentre quelle della Grande Orsa sono marziali»[8].

La raffigurazione della costellazione dell'Orsa Maggiore nel soffitto ligneo di Casa Provenzali è rimasta particolarmente danneggiata sebbene dopo il restauro risulti mancante una parte significativa della parte superiore del corpo dell'Orsa. Le stelle che ne costituiscono le astrotesie sono visibili al suo interno solo nella parte inferiore.

Nel *Poeticon* Igino descrive così le stelle dell'Orsa:

L'Orsa Maggiore ha i piedi fissati sul circolo estremo[9] e ha sul capo sette stelle, tutte opache[10], due per ciascuna orecchia[11]; sulla spalla ne ha una luminosa[12], sulle zampe posteriori due[13], in mezzo alle scapole una[14], una sulla prima coscia posteriore[15], due sul piede anteriore[16] e sulla coda tre[17]. In tutto sono ventuno stelle[18].

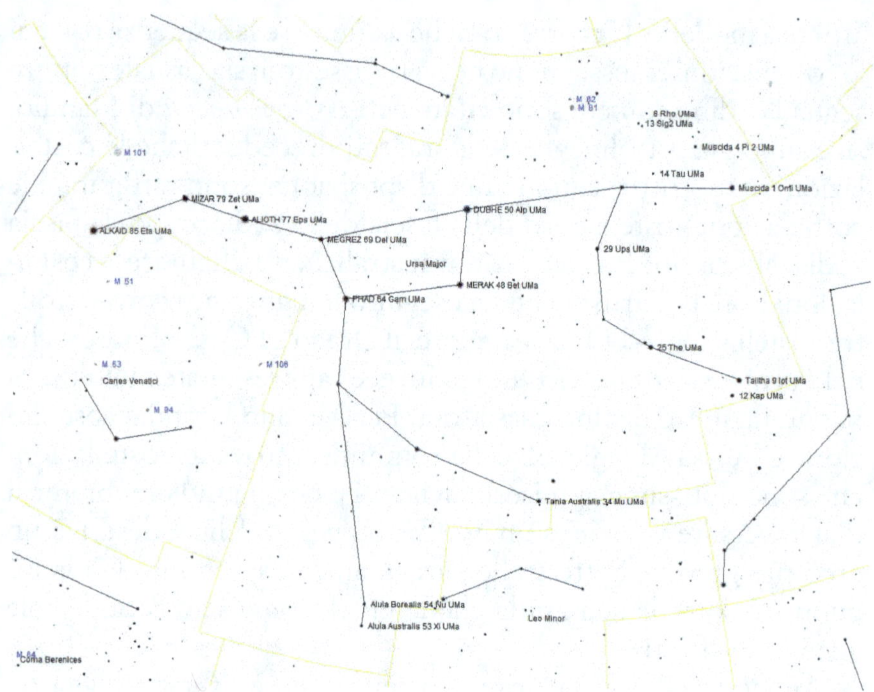


Mappa stellare della costellazione dell'Orsa maggiore.

Tolomeo conta nell'Orsa Maggiore ventisette stelle, di cui otto al di fuori dell'Orsa, che attualmente costituiscono le costellazioni del Cani Venatici e della Lince, e una stella che appartiene alla costellazione del Leo Minor.

Dall'analisi della raffigurazione si ricava che le sette stelle opache sono andate perdute, è visibile solo una stella in un orecchio e una nel muso. Sulla spalla ve n'é una sola anche se non molto luminosa, a differenza di quanto afferma Igino. Sulle zampe posteriori le stelle sono bene evidenti, anche quella in mezzo alle scapole è visibile; quella citata sulla coscia posteriore non è visibile, mentre spicca una stella sul piede anteriore, meno l'altra sull'altro piede. Infine le tre sulla coda.

*Note di chiusura*

1. Vedi H. Rogers, *Origins of the ancient constellations: I. The Mesopotamian traditions*. Intorno al 1100 a.C. i Babilonesi stilarono una sorta di inventario delle conoscenze astronomiche del loro tempo. Quest'opera è stata da loro designata con il titolo di MUL.APIN, dal nome della costellazione che compare nella parte superiore della tavoletta iniziale. Le prime due parole che si trovano elencate nella lista della prima tavoletta sono MUL che sta per stella, APIN che sta per Aratro, da cui Stella dell'Aratro. I nomi delle costellazioni sono in lingua sumerica, la lingua dei chierici e degli iniziati. Dove è stato possibile si è riportato la traduzione o l'usuale equivalente semitico indicato tra parentesi. La copia principale di questa tavoletta è oggi inventariata con il codice BM 86378. La seconda tavoletta della serie è stata riconosciuta da Weidner nel testo VAT 9412 («American Journal of Semitic Languages», vol. XL, 1924). Fonte A. Florisone.

2. Vedi R.H. Allen p. 423 e A. le Boeufflè, *Les noms latins d'astres et de constellations*, p. 82.

3. Vedi R.H. Allen, *Star name their lore and meaning*. Il testo di Allen è un po' datato e a volte fortemente criticato in quanto non cita mai le fonti primarie, nelle sue infinite citazioni. Però ritengo che, anche con qualche lacuna, sia il testo di riferimento per la nomenclatura delle stelle e la storia delle costellazioni nei secoli e nelle varie etnie.

4. Cfr. Ovidio, *Metamorfosi*, Libro II, vv. 409-530.

5. Cfr. Igino, *Poeticon Astronomicon*, Libro II, paragrafo *De arcto maiore*.

6. L'Orsa Maggiore.

7. Cfr. Manilio, *Astronomicon*, (a cura di) M. Candellero, Arktos, Carmagnola 1995, p. 17.

8. Cfr. C. Ptolomaeus, *Tetrabiblos*, o *I quattro libri delle predizioni astrologiche*, (a cura di) M. Candellero, Arktos, Carmagnola 1980, p. 49.

9. Il Circolo polare artico.

10. Stelle poco luminose di magnitudine 4 e 5, si tratta della stella o Muscida che si trova nell'*Uranometria* di Bayer e deriverebbe da un termine proprio di un non meglio precisato idioma barbaro medievale che avrebbe significato Muso (dell'Orsa). Contrassegna appunto il naso della Grande Orsa ed è parte di un asterismo persiano che aveva nome *Al Thiba* [la Gazzella], e che includeva anche le stelle σ, π, ρ, UMa., π¹, π², ρ, σ, τ, A.

11. Il catalogo di Tolomeo ne menziona solo una di magnitudine 5.

12. La α Dubhe. Il nome deriva dall'arabo *Al Dubb* [Orso], per gli astronomi indù era uno dei Sette Saggi rappresentati da ognuna delle stelle del Gran Carro. È di magnitudine 2.

13. Sono la stella ν Alula Borealis e la stella ξ Alula Australis, di magnitudine 3.

14. Si tratta della stella υ, di magnitudine 4 o di Merak, e la stella β abbreviazione di *Marāqq-al-dubb-al-akbar* [le Reni del Grande Orso]. I Greci chiamavano la stella Helike dal nome della città di Callisto in Arcadia, è di magnitudine 2.

15. Stella γ Phecda. Il nome deriva dall'arabo *Fakhidh-al-dubb-al-akbar* [la Coscia del Grande Orso], evidente riferimento alla sua posizione nelle tradizionali raffigurazioni della costellazione. Al Biruni riferisce che nell'astronomia indù era Pulastya, uno dei Sette Saggi. È di magnitudine 2.

16. Stella ι Talitha, Paul Kunitzsch ritiene che deriva dal preislamico *Al-qafza al-thālitha* [il Terzo salto], termine adottato per le stelle ι e κ Uma, di magnitudine 3.

17. Stella ε Alioth, Grassa Coda, chiamata da Ulugh-Beigh *Al-jaun* [il Cavallo nero] e talvolta *Al-jat*, da cui venne certamente la voce Alioth, che sembra risalire al x secolo. Sufi la chiama *Al-dsgiun* [il Golfo]. Il nome sembra comparire per la prima volta nella prima edizione delle *Tavole alfonsine*, ma nell'ultima edizione diviene Aliare e Aliore, che potrebbero derivare dall'arabo *Al Hawar* [la Bianca]. La ζ Mizar, la Cintura: pare che originariamente il nome fosse Mirak, una ripetizione di quello usato per la β. In seguito a un'errata trascrizione sarebbe divenuto Mizar, dall'arabo *Mi'zar* [Cintura]. La η Alkaid, Kunitzsch ritiene

che deriva dal nome preislamico della stella *Al-qā'id* [il Capo]. L'altro nome con cui la stella è conosciuta è Benetnasch, nome della costellazione preislamica *Banāt na'sh*, il significato originale è sconosciuto ma in arabo *al-na'sh* significa bara: è lecito considerare che i beduini considerassero il quadrilatero formato dalle stelle α, β, γ, δ come un feretro. Inoltre il termine *Al-banat* significa le Figlie piangenti, che sono le stelle ε, ζ, η, di magnitudine 2.

18. Cfr. Igino, *Poeticon Astronomicon*, Libro III, paragrafo *De arcto maiore*.

Il Drago raffigurato a Casa Provenzali.

# Costellazione del Drago

Nella sfera celeste babilonese la costellazione del Drago non esisteva, i Babilonesi però identificavano una stella cui davano il nome MU.BU.KESH.DA[1] [*Nîru raksu*[2], il Giogo agganciato ad Anu dio del cielo], che probabilmente è la stella Thuban, la α del Drago, che era la Stella Polare nel 2800 A.C.

Xilografia tratta dal *Poeticon Astronomicon* di Igino del 1482.

Questa costellazione, sebbene sia molto antica, è stata sicuramente creata in tempi più recenti rispetto alle due Orse[3].

Le stelle meno brillanti poste tra le figure già definite delle due Orse si prestavano bene a suggerire l'immagine di un serpente o di un drago che le avvolgeva tra le proprie spire. Alcune parti delle stelle appartenevano all'antica costellazione egizia dell'Ippopotamo, o della sua variante il Coccodrillo, come mostrato nel planisfero di Dendera[4].

Secondo Allen[5], Fourier ne diede una prima datazione del planisfero di Dendera attorno al III secolo A.C. basandosi sulla situazione astronomica in esso rappresentata; infatti lo zodiaco di Dendera riproduce abbastanza fedelmente i segni zodiacali mesopotamici risalenti al III secolo A.C. Si suppone altresì che la costellazione rappresentasse nell'antico Egitto la dea Iside, mentre Lockyer afferma[6] che in essa era rappresentato il mito di Horus.

Eratostene chiama questa costellazione nelle *Epitome* con la denominazione arcaica *Ophis*, il Grande Serpente. Arato chiama questa costellazione il Drago[7], che con le sue spire avvolge le due Orse, per distinguerla dal serpente dell'Ofiuco. La stella Thuban deriva il nome dall'arabo *Thu'bān* [il Basilisco], una creatura mitologica conosciuta anche con il nome di Re dei Serpenti, che si narra avesse il potere di uccidere o pietrificare con un solo sguardo. A causa della precessione degli equinozi Thuban era la Stella Polare nel 2787 A.C., quando si trovava a meno di due gradi dal Polo Nord.

Mitologicamente il Drago era posto a guardia delle mele d'oro nel giardino delle Esperidi e venne ucciso da Ercole. L'origine però non è affatto sicura, anche se sotto la testa del Drago appare la figura di Ercole; il fatto è che il nome di Ercole apparve in tempi relativamente recenti.

Il racconto di Igino permette di evidenziare come l'artista, o l'ideatore dell'impianto astronomico, abbia seguito fedelmente la narrazione:

Il Drago, posto tra le due Orse, sembra chiudere in un'ansa del proprio corpo l'Orsa Minore, così da sfiorare appena le sue zampe[8] mentre con la coda ricurva raggiunge il capo dell'Orsa Maggiore[9] e con la propria testa ripiegata tocca in qualche modo il Circolo artico, il corpo snodato in una spirale. E chi l'osserva più attentamente si renderà conto che la testa del Drago si trova dalle parti della coda dell'Orsa Maggiore. Ha una stella su ciascuna tempia[10], una per occhio[11], una sul mento[12] e altre dieci sparse lungo il corpo[13], per un totale di quindici stelle.

Fedele pure ai *Fenomeni* di Arato, da cui Igino ha attinto a piene mani: «Sulla sua testa, non da un lato solo brilla una stella solitaria, ma due alle tempie ne ha il tremendo mostro, due agli occhi e una alla mascella, sulla punta»[14]. Manilio descrive così nell'*Astronomicon* la costellazione del Drago: «Disteso tra costoro e all'intorno

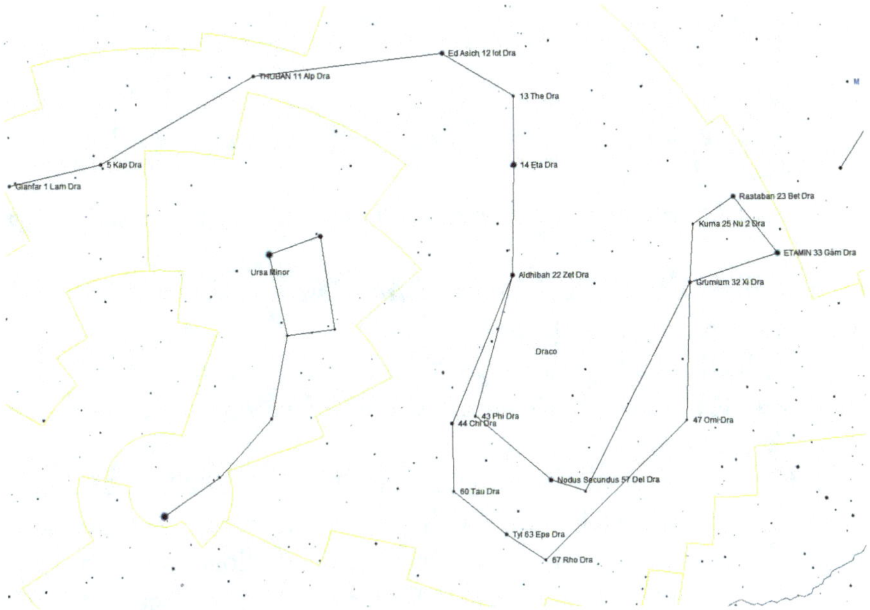


Mappa stellare della costellazione del Drago.

abbracciandole, entrambe separa e circonda il Serpente con
ardenti stelle, che non si congiungano o mai s'allontanino dalle
sedi loro proprie»[15].

La costellazione del Drago, sebbene il restauro sia stato ben eseguito, non ha permesso di portare alla luce tutte le stelle citate da
Igino e che compongono il Drago; inoltre delle quindici stelle elencate nel *Poeticon* solo nove sono visibili. Le due stelle presenti sulla
tempia e quelle poste in ogni occhio sono visibili, mentre quella sul
mento non lo è più. Occorre precisare che nell'immagine riportata
tratta dal *Poeticon* del 1482 le due stelle sul mento si collegano alla
zampa posteriore dell'Orsa Maggiore.

*Note di chiusura*

1. Vedi H. Rogers, *Origins of the ancient constellations: I. The Mesopotamian traditions*.

2. Vedi A.Florisone, *Astres et constellations des Babyloniens*, 1951, p. 156.

3. Vedi A. le Boeuffle, *Les noms latins d'astres et de costellation*, Les Belles Letters Parigi 2010, p. 98.

4. Vedi D. Testa, *Lo zodiaco di Dendera*,1822.

5. Vedi R.H. Allen, *Star name their lore and meaning*, p. 205.

6. Vedi *Ibidem*.

7. Cfr. *Fenomeni*, (a cura di) V. Lanzara, Garzanti 2020, vv. 45-50.

8. Si tratta della stella ι Ed Asich, che Smyth chiamò *Al Dhiba'*, dal nome che la stella ha nel globo di Dresda e nel catalogo di Ulugh Begh, mentre Kazwini la chiamò *Al Dhīkh* [la Iena maschio], da cui deriva *Ed Asich*, il nome oggi più comune. La stella θ e la stella ζ del Drago Aldhibah o Eldsib sono di magnitudine 3.

9. Sono la stella λ Gianfar o Giausar. Derivano il nome dalla parola persiana *jauzahr*, un termine utilizzato per indicare i nodi dell'orbita lunare o di un pianeta. E la stella κ, di magnitudine 4.

10. La stella γ Etamin, il cui nome Eltanin è riportato anche come Ettanin, Etannin, Etanim etc., deriva dalla designazione data da Ulugh Begh *Al Ras al Tinnin* [la Testa del Serpente (Dragone)]. Riccioli la chiamò Ras Eltanim, è di magnitudine 2. È la stella ξ, nota con il nome di Grumium che deriva dal latino tardo *grunnum* [muso]. Tolomeo nell'*Almagesto* la chiama: «*Quae in maxilla*». Posizionano questa stella sulla mascella del Dragone. È nota anche con il nome di Genam o Nodus I, è di magnitudine 4.

11. La Stella β Rastaban. Il nome deriverebbe secondo Kunitzsch dall'arabo *Al Ras al Thu'ban* [la Testa del Dragone]. Nella più antica tradizione araba ha avuto anche altri nomi: *Al 'Awaïd* [la Madre dei Cammelli] (il gruppo era completato dalle stelle γ, μ, υ, ξ, più tardi note come i *Quinque Dromedarii* [i Cinque Dromedari]). Da questo nome arabo

deriverebbe un altro di quelli con cui la stella è stata designata in epoca moderna: Alwaid; ma potrebbe derivare anche da *Al 'Awwad* [il Suonatore di Liuto]. Un altro nome era *Al Rakis* [il Danzatore, o il Cammello al Trotto], nome che adesso si attribuisce piuttosto alla ι. È di magnitudine 3. Le stelle υ Kuma, ξ, ν sono di magnitudine 4.

12. La stella μ Alrakis. Il nome deriva da *Al-rāqis* [il Cammello trottante]. Il nome è anche stato storpiato in Arrakis ed Errakis, deriva dal catalogo di Ulugh Begh e dovrebbe significare il Danzatore, forse correlato con la designazione di Suonatore di Liuto attribuita alla stella β, è di magnitudine 5.

13. Dalla testa alla coda le stelle sono la δ Nodus Secundus. Questa stella è chiamata Nodus Secundus in alcuni antichi cataloghi perché indica il secondo dei due Nodi, o Spire, nella figura del Dragone. Al Tizini la chiamò *Al Tais* [la Capra], di magnitudine 4. La stella ε Tyl, φ e la stella ζ del Drago Aldhibah o Eldsib; la θ e la ι sono stelle di magnitudine 3-4. La stella α Thuban non viene citata da Igino, il suo nome deriva da *Al Ra's al Tinnīn*, termine arabo con cui veniva indicata l'intera costellazione e che significa "la Testa del Serpente". A causa della precessione degli equinozi era circa 4700 anni fa (2700 A.C.) la Stella Polare, com'è del resto comprovato dalle osservazioni fatte in Cina. È di magnitudine 3. Le stelle κ e λ, di magnitudine 3.

14. Cfr. Arato, *Fenomeni*, (a cura di) V. Lanzara, Garzanti 2020, v. 50.

15. Vedi Manilio, *Astronomicon*, Libro I, (a cura di) S. Feraboli, E. Flores, R. Scarcia, p. 35, vv. 305-307.

L'Orsa Minore raffigurata a Casa Provenzali.

# Costellazione dell'Orsa Minore

Xilografia tratta dal *Poeticon Astronomicon* di Igino del 1482.

Per i Babilonesi questa costellazione si chiamava MAR.GID.DA.AN.NA[1] [il Carro del Cielo]. L'Orsa Minore non è menzionata né da Omero né da Esiodo poiché secondo Strabone [ I .1.6, C3 ][2] non era considerata dai Greci come costellazione fino al 600 A.C. circa. Il nome della costellazione si fa risalire a Talete già dal VII secolo A.C., anche perché sembra che prima i Fenici la denominassero Coda del Cane, o *Cynosura*. E qualcosa con il cane ebbe a che fare anche nella mitologia greca perché se l'Orsa Maggiore rappresenterebbe la ninfa Callisto, l'Orsa Minore sarebbe semplicemente il suo cane. Gli antichi Egizi immaginarono invece uno Sciacallo, mentre i Mongoli chiamarono l'Orsa Minore la costellazione della Calamita, avendo scoperto che in quella direzione si orientava l'ago della bussola. I navigatori Fenici la utilizzavano per orientarsi nel Mediterraneo[3] e perciò tale costellazione era anche nota con il nome di Fenicia. Tuttavia nell'anno mille A.C. la Stella Polare non era l'attuale alfa dell'Orsa Minore ma la stella β Kocab, termine che deriva dall'arabo *Koucab-al-Shemali* [Stella del Nord]. I cinesi chiamano l'attuale Stella Polare il Grande sovrano del Cielo augusto; la stella β è detta la Stella sovrana, mentre la γ è detta semplicemente il Principe imperiale[4]. L'Orsa Minore è

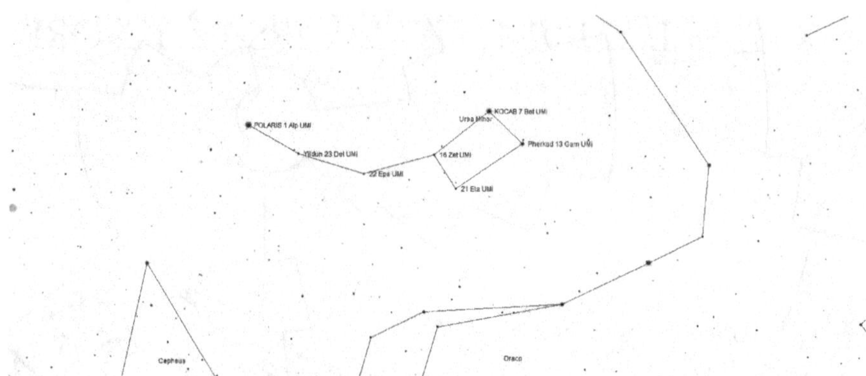

Mappa stellare della costellazione dell'Orsa Minore.

la seconda costellazione citata da Manilio nell'*Astronomicon*: «La piccola Cinosura[5] si muove lungo un'orbita angusta, tanto d'estensione quanto di luce minore; ma essa batte, a giudizio dei Tiri, la maggiore. Per i Punici costei è più certa garanzia, quando per gli oceani vanno in cerca di terre oltre l'orizzonte. Né sono collocate fronte a fronte: entrambe la coda orientano sul muso dell'altra e si seguono a seconda»[6].

Non è così nella rappresentazione del soffitto di Casa Provenzali, dove le due Orse si porgono il muso. Tolomeo nel *Tetrabiblos* pone l'Orsa Minore come prima costellazione dopo aver elencato le costellazioni zodiacali: «Nella parte settentrionale dello zodiaco le stelle della piccola Orsa sono saturnine, mentre quelle della grande Orsa sono marziali»[7]. La descrizione che Igino dà delle stelle contenute nell'Orsa Minore è la seguente: «l'Orsa Minore ha in ciascuno dei quattro lati del tronco una stella luminosa[8], sopra la coda tre[9]; in totale sette. Ma nelle prime stelle della coda una, assai debole, è chiamata Polo, come afferma Eratostene, e si ritiene che attorno a questo punto ruoti il mondo»[10]. Della raffigurazione dell'Orsa Minore nel soffitto è rimasta solo la stella posta nel piede posteriore e forse anche in quello anteriore. Una stella molto luminosa è nel petto, ma nessuna di quelle poste nella coda è sopravvissuta nel tempo.

*Note di chiusura*

1. Vedi H. Rogers, *Origins of the ancient constellations: I. The Meso-potamian traditions.*

2. Vedi C. Flammarion, *La storia del cielo,* Sonzogno Editore 1923, p. 62.

3. Cfr. Arato, *Fenomeni,* (a cura di) V. Lanzara, Garzanti 2020, vv. 36-39.

4. Vedi Flammarion, *Le stelle e le curiosità del Cielo*, p. 17.

5. La stella α, la Polare Cinosura, il cane della ninfa Callisto. I Romani la chiamavano anche *Navigatoria* per la sua importanza nella navigazione; in Cina era chiamata il Grande Regolatore Imperiale del Cielo, mentre in India veniva considerata il perno dei pianeti.

6. Vedi Manilio, *Astronomicon*, Libro I, (a cura di) S. Feraboli, E. Flores, R. Scarcia, p. 33, vv. 299-304.

7. Vedi *Tetrabiblos* Claudio Tolomeo a cura di Massimo Candellero, Arktos editore 2006, p. 49.

8. Stella β Kocab, che secondo alcuni deriva da *Al Kawkab-ash-Shamāli* [Stella del Nord]. Insieme a Pherkad (UMi) formava una coppia di stelle che anticamente veniva chiamata i Guardiani del Polo. La stella γ Pherkad, il cui nome le deriva secondo Kunitzsch dall'arabo *Al Farqadān* [Il più debole dei Due Vitelli], che comprendeva anche la stella β, entrambe di magnitudine 2. La stella ζ, l'Incrocio del Manico con la Ciotola del Piccolo Carro, è *Alifā' al Farḳadain*, e la stella η Anwār al Farḳadain, entrambe di magnitudine 2.

9. La stella α, la Polare (Cinosura), questa stella era anche come conosciuta come Alrucaba, dall'arabo *Al-rukba* [il Ginocchio (della Grande Orsa)], attribuito a θ Uma e dato erroneamente ad α UMi nel tardo Medioevo. G.B. Riccioli la chiama Pollaris, di magnitudine 3. La stella δ Yildun, deriva dal termine turco *yildiz* che significa stella, e la stella ε, entrambe di magnitudine 4.

10. Vedi Eratostene, *Epitome dei catasterismi,* (a cura di) A. Santoni, Edizioni ETS 2009, p. 67.

Ercole raffigurato a Casa Provenzali.

# Costellazione di Ercole

In quest'asterismo i Babilonesi ci hanno visto un dio seduto (Gula[1]), ma anche un cane[2] UR.KU (*Kalbu*[3]). È piuttosto curioso che in tutte le rappresentazioni di questa figura umana, essa appaia sempre capovolta, cioè a testa in giù verso il sottostante Ofiuco, e inginocchiata. Guardando così verso oriente tiene in mano una clava che si protende in basso verso Ofiuco, mentre

Xilografia tratta dal *Poeticon Astronomicon* di Igino del 1482.

nell'altra la fantasia dei disegnatori ha posto varie cose: in genere vi appare la pelle del leone Nemeo con in più un ramo dell'albero dai frutti d'oro o addirittura un serpente a tre teste individuato in Cerbero, guardiano degli Inferi. Eudosso, Arato, Eratostene, Ipparco, Tolomeo, Al-Sùfi, Ulugh-Beigh lo chiamano εγγόνασι (*Engònasi*, l'Uomo inginocchiato). È Igino che per primo associa la costellazione anonima dell'Inginocchiato a Ercole[4]:

Eratostene afferma che si tratta di Ercole, posto al di sopra del Drago, di cui abbiamo parlato prima: sembra pronto a combattere e tiene nella mano sinistra la pelle di leone, nella destra la clava, come nel tentativo di uccidere il Drago che custodisce le Esperidi e che, a quanto si dice, era obbligato a non chiudere mai gli occhi nel sonno: appunto per questo gli era stato stato affidato il compito di guardiano[5].

Seguendo la cronologia con cui sono elencate le costellazioni nell'*Astronomicon* di Manilio, la costellazione successiva all'Orsa Minore non viene definita con nessun nome. Così Manilio descrive questo asterismo che ha la particolarità di essere rappresentato alla rovescia: «Appresso alle Orse freddolose e all'agghiacciato Borea sopraggiunge una figura flessa sui ginocchi, per una causa che essa solo conosce»[6].

Ancora più suggestiva è la descrizione che ne dà Arato: «E accanto al Drago avanza una figura con l'aspetto d'un uomo sofferente. Nessuno con chiarezza sa nominarlo, né a quale patimento sia inchiodato, ma lo dicono Engonasi, "in ginocchio", perché somiglia a uno che si piega sulle ginocchia per la sofferenza»[7].

Nel *Tetrabiblos* le costellazioni elencate, rispetto al soffitto, seguono un andamento a zig-zag; infatti dopo il Dragone Tolomeo riporta: «quelle di Cefeo mercuriali e saturnine. Quella splendente e rossastra, detta Arturo, è gioviale e marziale; la Corona Boreale è venusiana e mercuriale; l'Inginocchiato è mercuriale; la Lira venusiana è mercuriale, come pure il Cigno»[8]. Tolomeo ritorna poi successivamente a indicare dopo il Cigno Cassiopea e Perseo, ne risulta evidente un andamento irregolare. L'artista che ha raffigurato il soffitto ligneo deve aver avuto un riferimento, o una sequenza, sul come raffigurare le varie costellazioni e quella che appare più conforme è la sequenza descritta nell'*Astronomicon* di Manilio. Anche la postura del corpo di Ercole, raffigurato con la clava nella mano destra e la pelle del leone Nemeo sulla mano sinistra, è simile alla xilografia che si trova nel *Poeticon Astronomicon* del 1482.

Analizzando la disposizione delle stelle sull'immagine artistica di Ercole risulta evidente che non è casuale ma è fedele al *Poeticon Astronomicon* di Igino, in cui leggiamo:

Ha sulla testa una stella[9], una sul braccio sinistro[10], una stella molto luminosa su ciascuna spalla[11], una sulla mano sinistra[12], una sul gomito destro[13]. Una stella per ogni fianco[14] ma quella sul sinistro è più

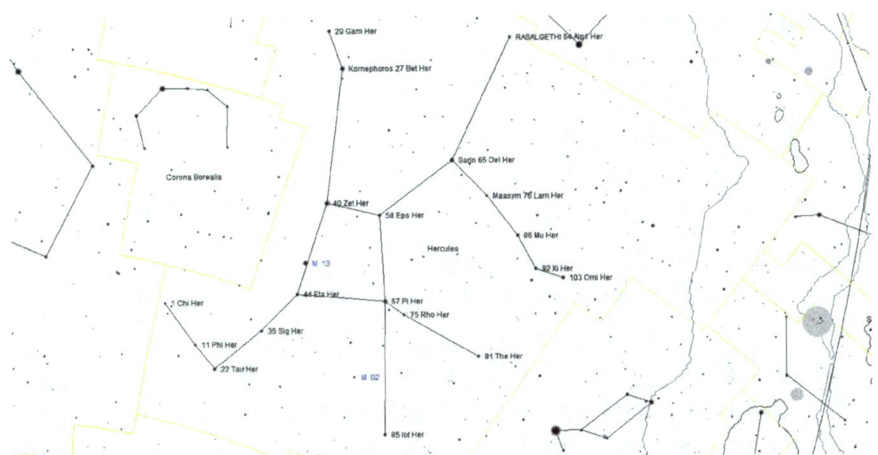


Mappa stellare della costellazione di Ercole.

luminosa. Due sulla coscia destra[15], una sul ginocchio[16], una sul polpaccio[17], due sulla gamba[18]; sul piede una, molto luminosa[19]; quattro sulla mano sinistra[20] che secondo alcuni raffigurano la pelle del Leone[21]. In totale diciannove.

Tolomeo conta ventinove stelle che compongono la costellazione di Ercole e una molto distante nel braccio destro. Il lettore può facilmente osservare come il numero di stelle descritte nell'*Almagesto* è molto diverso da quello riportato nella *Poetica*. È evidente una netta corrispondenza tra la disposizione delle stelle data da Igino e la loro collocazione sull'immagine artistica che rappresenta la costellazione.

*Note di chiusura*

1. Divinità mesopotamica, sposa del dio Ninurta, viene raffigurata come una donna assisa su un trono con ai piedi un cane.

2. Vedi H. Rogers, *Origins of the ancient constellations: I. The Mesopotamian traditions*.

3. Vedi A. Florisone, *Astres et constellations des Babyloniens*, 1951, p. 159.

4. Vedi Flammarion, *Le stelle e le curiosità del cielo*, p. 227: «Io trovai per la prima volta, e non senza mio grande stupore, il nome di Ercole nell'edizione di Igino (1482) di cui testè parlammo, ma tuttavia ancora associato a quello di Engonasi». Evidentemente Flammarion non conosce gli *Epitome dei catasterismi* di Eratostene, dove Engonasi viene identificato con Ercole che sta sopra alla costellazione del Serpente.

5. Cfr. Igino, *Poetica*, Libro II, paragrafo su Engonasi.

6. Vedi Manilio, *Astronomicon*, Libro I, (a cura di) S. Feraboli, E. Flores, R. Scarcia, p. 35, vv. 314-315.

7. Cfr. Arato, *Fenomeni*, (a cura di) V. Lanzara, Garzanti 2020, v. 66-72.

8. Vedi *Tetrabiblos* Claudio Tolomeo a cura di Massimo Candellero, Arktos editore 2006, pp. 46-51.

9. Si tratta della α Herculis Ras Algethi, che deriva dall'arabo *Ra's al-jāthī* [la Testa dell'Inginocchiato]. Tolomeo nell'*Almagesto* la chiama: «*Quae in capite*». È di magnitudine 3.

10. La stella λ Maasym, Paul Kunitzsch ritiene che derivi dall'arabo *Al-mi'ṣam* [il Polso]. È di magnitudine 4.

11. La stella β Komephoros. Il nome deriva dal greco e significa Colui che porta la clava. È di magnitudine 3. E la stella δ Sarin, di magnitudine 3.

12. Stella μ, di magnitudine 4.

13. Stella γ, di magnitudine 3.

14. Sul lato destro per l'osservatore si trova l'ammasso denominato M 13.

15. Stelle η, σ, di magnitudine 4.

16. La stella è Allusa, designata con la lettera τ. Tolomeo la indica: «*Quae in genu dextro*». È di magnitudine 4-3.

17. Stella υ, di magnitudine 4.

18. Sono le stelle φ, χ, di magnitudine 4.

19. Stella ι, di magnitudine 3.

20. Stelle di ν, ξ, ο di magnitudine 4 e 104A di magnitudine 5.

21. Igino indica diciannove stelle, invece Tolomeo ne conta ventinove.

Il Boote raffigurato a Casa Provenzali.

# Costellazione del Boote

IBabilonesi identificavano questa zona del cielo con il nome SHUDUN[1] [Nîru, il Giogo della Terra] e la stella più brillante Arturo con il nome di SHU.PA[2] [*Shudun*, il Collegamento scintillante]. Per i Latini Boote era il custode dei *Septem triones*, cioè dei Sette buoi, le Sette stelle del Nord; per i Greci era αρχτοφύλαξ[3] (*Arctophylax*), il guardiano dell'Orsa.

Xilografia tratta dal *Poeticon Astronomicon* di Igino del 1482.

Ancora nel Medioevo era raffigurato variamente come un guardiano o un contadino con la falce e le messi, oppure un cacciatore che ha al guinzaglio i cani da caccia, introdotti da Hevelius verso il 1660. Franz Boll ha dimostrato[4] che il Mandriano appariva come Aratore solo nella sfera barbarica e che la traccia più antica di questa costellazione si trova in Ermippo l'Alessandrino[5], che l'aveva senza dubbio presa in prestito dagli Egizi.

Igino nel Libro II della *Poetica* presenta un lungo racconto sui miti associati alla costellazione del Bovaro, in particolar modo al mito di Icario ed Erigone. Il primo racconto che riporta Igino è simile a quello che si trova in Eratostene[6], anche se differisce nella parte conclusiva che è più simile alla versione più nota. Igino narra che secondo la tradizione Artofilace fosse Arcade, figlio di Giove e di Callisto. Quando Giove fu ospitato da Licaone, questi gli apparecchiò il figlio fatto a pezzi e mescolato con altra carne; voleva sapere se il suo ospite era veramente un dio. Per questo misfatto ricevette un castigo adeguato: subito Giove rovesciò la mensa e bruciò la sua casa con un fulmine; quanto a lui, venne trasformato in lupo. Giove poi raccolse le membra del figlio, le ricompose e le affidò a un uomo dell'Etolia perché lo allevasse. Fino a questo punto i due racconti sia di Igino sia di Eratostene sono simili; in seguito Igino aggiunge un'ulteriore trama, che è la più nota e che ci porterà a spiegare perché esiste un'Orsa Maggiore nel firmamento. Arcade quando divenne un giovinetto, mentre cacciava nel bosco, incontrò la madre che era stata mutata in orsa e non la riconobbe. Deciso a ucciderla, la inseguì sino al tempio di Giove Licio, dove secondo la legge degli Arcadi era vietato entrare sotto pena di morte. Giove ebbe pietà davanti alla loro morte inevitabile: li rapì e li trasferì tra le stelle. Di fatto lo si vede seguire l'Orsa e custodirla, perciò è stato chiamato Artofilace. Igino termina il racconto narrando di Ermippo, autore di opere astronomiche, il quale afferma che Cerere si congiunse con Iasione. Da Iasione, secondo lo storico Petellide di Cnosso, nacquero i due figli Filomelo e Pluto, che erano in disaccordo tra loro. Pluto infatti, che era più ricco, non volle cedere al fratello nessuno dei suoi beni; Filomelo allora, costretto dalla necessità, con ciò che aveva acquistò due buoi e fu il primo a fabbricare un aratro. Così, arando e coltivando campi, aveva la possibilità di nutrirsi. La madre, ammirata dalle sue scoperte, lo trasferì tra le stelle nell'atteggiamento di un aratore e lo chiamò Boote.

La costellazione successiva a Ercole citata da Manilio è il Bovaro, descritto come segue: «A tergo risplende il Guardiano delle Orse (Artofilace)[7], ovvero Boote, poiché in simil maniera pungola, giovenchi aggiogati, e trascina con sé sotto il petto, al centro, Arturo»[8].

L'artista ha comunque raffigurato le costellazioni di Ercole, del Boote e della Corona Boreale nelle vicinanze nella fascia mediana seguendo la sequenza suggerita dall'*Astronomicon*; mentre Tolomeo cita il Boote dopo Cefeo, successione che evidentemente non

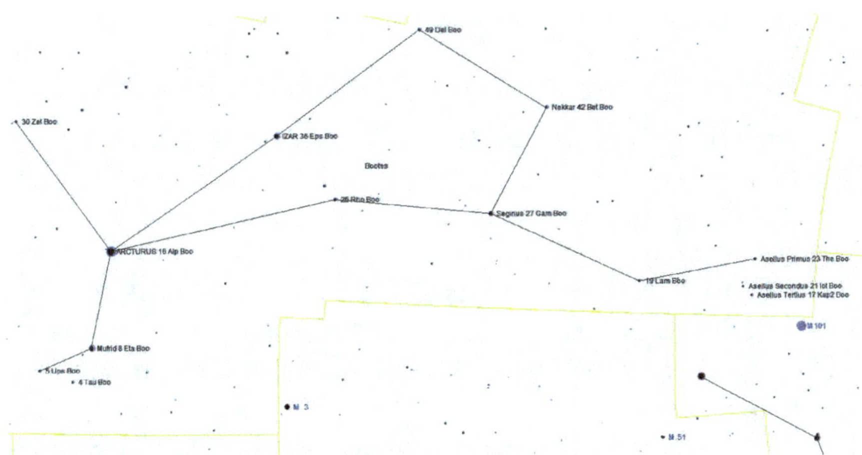

Mappa stellare della costellazione del Boote.

è rispettata nel soffitto. La costellazione del Bovaro presentava grossi danni nella parte delle ginocchia, dove fortunatamente non erano presenti stelle.

La distribuzione delle stelle contenute nella costellazione del Boote che Igino fornisce nel *Poeticon Astronomicon* è la seguente:

Ha nella mano sinistra quattro stelle[9] che, si dice, non tramontano mai. Sul capo ha una stella[10], una su ciascuna spalla[11], una su ciascuna mammella[12], ma quella di destra è più luminosa e sovrasta l'altra opaca. Nel gomito destro ha una stella luminosa[13], e una sulla cintura che brilla più di tutte è chiamata Arturo[14], una stella in ogni piede[15]. In tutto fa quattordici.

L'artista che ha raffigurato il Bovaro ha commesso un errore grossolano perché nella mano destra, quella che tiene il falcetto, è stata dipinta una stella, anche piuttosto luminosa, ma che non è presente né nel testo, né nella xilografia del *Poeticon* del 1482.

*Note di chiusura*

1. Vedi A.Florisone, *Astres et constellations des Babyloniens*, 1951, p. 156.

2. Vedi H. Rogers, *Origins of the ancient constellations: I. The Mesopotamian traditions*.

3. Cfr. Arato, *Fenomeni*, (a cura di) V. Lanzara, Garzanti 2020, v. 92.

4. Vedi F. Boll, *Sphera,* p. 228; 354 e 371, Lipsia 1903.

5. Cfr. Igino *Poeticon Astronomicon*, Libro II, paragrafo *Arctophylace*: «*arantem… inter sidera*».

6. Vedi Eratostene, *Epitome dei catasterismi*, (a cura di) A. Santoni, Edizioni ETS 2009, p. 79.

7. La stella α Arturo, il nome stesso deriva dal greco Arctophylax [Guardiano dell'Orsa], chiamato poi in seguito βοώτησ [il Bovaro, il Pastore]. Gli Arabi la chiamavano *Haris-el-sema*. Tolomeo nell'*Almagesto* la definisce: «*Quae est inter crura et vocatur Arcturus subrufa*». È di magnitudine 1.

8. Vedi Manilio, *Astronomicon*, Libro I, (a cura di) S. Feraboli, E. Flores, R. Scarcia, p. 35, vv. 316-318.

9. La Stella θ Asellus primus, la stella ι e la stella κ Asellus tertius, di magnitudine 5.

10. La Stella β Nekkar. Altri nomi sono *Merez, Meres*. Il nome Nekkar secondo Paul Kunitzsch deriva dal nome arabo per l'intera costellazione *Al-baqqār* [Che conduce i Buoi], è di magnitudine 4.

11. La Stella γ Seginus è il nome che secondo Allen deriva da *Ceginus*, uno dei nomi che in passato sono stati usati per l'intera costellazione e che derivava da una corruzione araba a sua volta resa in latino come *Theguius*. È di magnitudine 3. La stella δ, di magnitudine 4.

12. La stella a destra è la ε Izar, anche nota come *Pulcherrima* [La più bella, o la Bellissima]. In Arabia questa stella ebbe diversi nomi: *Al Mintakah al 'Awwa'* [la Cintura dell'Urlante (il Bovaro è raffigurato come un uomo che urla)]; *Izar* [la Cintura]; e *Mi'zar* [il Corpetto], è di magnitudine 3. A sinistra è la stella ρ, di magnitudine 4.

13. Stella λ, Tolomeo la definisce: «*Quae in sinistro cubito est*», di magnitudine 5.

14. È la stella Arturo, di magnitudine 1.

15. La Stella η Mufrid o Muphrid, come *Mufrid* e *Mufride*, che si trovano nel catalogo di Palermo e in altri, deriva dalla denominazione datale da Ulugh Begh *Al Mufrid al Ramih* [la Stella Solitaria del Lanciere]. Il suo nome deriva dalla locuzione *Al-simāk al-rāmih* [il Lanciere simak]. Con le più deboli stelle vicine υ e τ per i Cinesi formava un asterismo detto l'Ufficiale che sta alla destra dell'Imperatore; questi ovviamente essendo rappresentato da Arturo e dalla stella ζ: «*quae in dextro calcaneo*», di magnitudine 3.

La Corona Boreale raffigurata a Casa Provenzali.

# Costellazioni

## della Corona Boreale e Australe

Nelle tavolette babilonesi MUL. APIN questa piccola costella-zione era chiamata BAL.TESH.A[1] [Stella della Dignità] il messaggero del dio Tishpak, dio degli eserciti. È una piccola costellazione compresa tra Boote ed Ercole caratterizzata da una disposizione di stelle a semi-cerchio, facilmente identificabile a nordovest di Arturo. Il nome *corona* deriva evidentemente dalla dispo-sizione delle predette stelle.

Xilografia tratta dal *Poeticon Astronomicon* di Igino del 1482.

Ovidio ricorda il mito di Arianna abbandonata da Teseo sulla spiaggia: Bacco accorse e le levò la corona, che lanciò in cielo dove sta tuttora. I Cinesi la chia-mavano la Conchiglia perlifera (con la perla al centro), mentre gli Arabi la denominavano *Kasat-al-Masakin* [la Scodella dei poveri]. G.B. Riccioli ci riporta nell'*Almagestum Novum* anche il suo antico nome caldeo *Malphelcarte*[2] [Corona della Fanciulla], che è la stella α Alphecca.

La Corona Boreale, seppure sia una minuta costellazione, nel sof-fitto ligneo ci pone nella condizione di dover riflettere attentamente su due aspetti di particolare importanza per la sua realizzazione.

Il primo è che nella *Poetica* di Igino non c'è alcun riferimento alla Corona Australe, ma è contenuta nella costellazione del Sagittario: «Davanti ai suoi piedi sta una specie di corona fatta di stelle. La corona del Centauro ne ha altre sette»[3]. Tale corona costituisce un

La Corona Australe raffigurata a Casa Provenzali.

gruppo di stelle anonime citate già da Arato nei *Fenomeni*: «Poche altre stelle in fondo al Sagittario, disposte in cerchio, girano ruotando sotto le sue zampe davanti»[4].

Solo nell'*Epitome* di Eratostene la Corona Australe è conosciuta come la Barca, su probabile origine egizia[5]. Data la sua localizazione nel cielo la costellazione della Corona Australe è visibile da una latitudine più meridionale della Grecia continentale.

Tolomeo la cita come ultima costellazione delle quarantotto nel *Tetrabiblos*: «L'Altare è venusiano e un po' saturnino, mentre le stelle più splendenti della Corona Australe sono saturnine e mercuriali»[6].

Il secondo aspetto interessante nel soffitto ligneo è iconologico: è la Corona Australe a essere raffigurata come la Corona Boreale nell'edizione di Venezia del 1482. La costellazione della Corona Boreale nel soffitto ligneo di Casa Provenzali appare invece come una replica di se stessa, con differenti effetti di prospettiva. L'artista che ha eseguito la raffigurazione si è trovato sicuramente in difficoltà a dover rappresentare due corone distinte, avendone una sola a disposizione. Anche perché la Corona Australe è di solito raffigurata come una corona d'alloro e non come una corona regale, come si può ravvisare dagli atlanti stellari del Seicento, come dall'atlante di Flamsteed e di Bode.

La Corona Boreale prima del restauro era assai danneggiata nella parte sottostante in corrispondenza della zona in cui le due assi lignee erano accostate; la fessurazione è stata successivamente stuccata e fatta una integrazione pittorica, venendo così a mancare completamente l'anello sottostante che conteneva le altre quattro stelle visibili nella xilografia, ormai andate perdute. Nella Corona Boreale sono rimaste visibili solo cinque stelle, mentre sei sono visibili nella Corona Australe.

Nel descrivere questa piccola costellazione boreale Igino è molto sintetico:

Si vede tramontare al sorgere di Cancro e Leone, sorgere insieme allo Scorpione. Ha nove stelle disposte in cerchio, ma tre risplendono più delle altre[7].

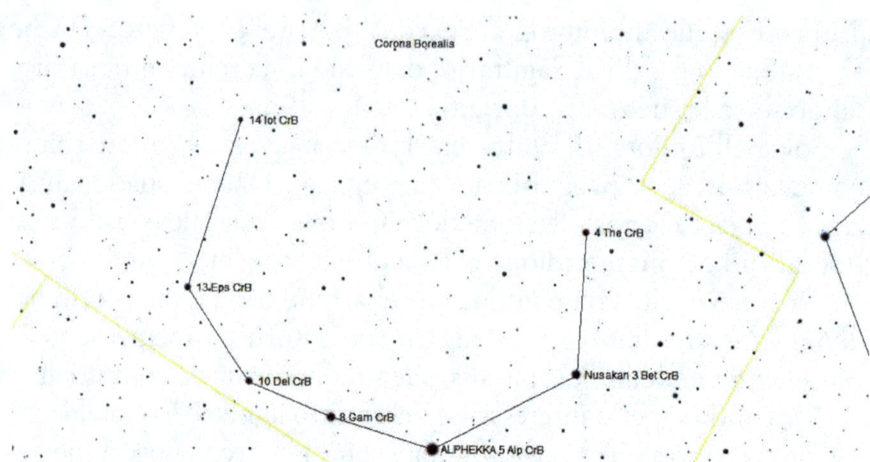


Mappa stellare della costellazione della Corona Boreale.

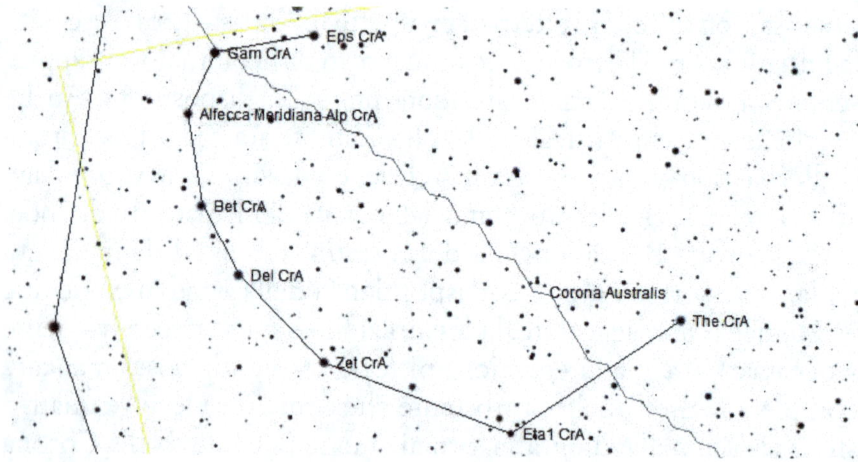


Mappa stellare della costellazione della Corona Australe.

*Note di chiusura*

1. Vedi H. Rogers, *Origins of the ancient constellations: I. The Mesopotamian traditions*.

2. Vedi G.B. Riccioli, *Almagestum Novum,* p. 406.

3. Cfr. Igino, *Poeticon Astronomicon*, Libro III, paragrafo *De Sagittario.*

4. Cfr. Arato, *Fenomeni*, (a cura di) V. Lanzara, Garzanti 2020, vv. 398-400.

5. Vedi F. Boll, *Sphera*, Lipsia 1903, p. 169.

6. Vedi *Tetrabiblos* Claudio Tolomeo, a cura di M. Candellero, Arktos editore 2006, pp. 50-51.

7. La Stella $\alpha$ è detta Gemma o Margarita, la Perla, oppure Alfecca, Paul Kunitzsch ritiene che il nome provenga dalla locuzione con cui l'intera costellazione era nota presso i beduini *Al-fakka* [da separare, disperdere]. Tolomeo la chiama: «*Fulgens earum quae sunt in corona*». È di magnitudine 2. La stella $\beta$ è detta Nusakan, deriva dal nome islamico *Al-nasaqān* [le Due linee], con cui venivano indicate due costellazioni nella zona dove si trovano gli odierni Ercole, Serpente, Ofiuco e Lira. È di magnitudine 4-3. La stella $\gamma$ è di magnitudine 4.

La Lira raffigurata a Casa Provenzali.

# Costellazione della Lira

L'origine di questa costellazione non è ben nota. Per i Babilonesi rappresentava una capra e la chiamavano UZA. La stella più luminosa, Vega, era denominata LAMMA [Messaggero della Dea Baba][1]. Nella sfera egizia c'è davvero una Lyra imparentata con il secondo decano del Cancro e quindi è quasi diametralmente opposta alla costellazione greca. Altri popoli hanno identificato il gruppo di stelle con

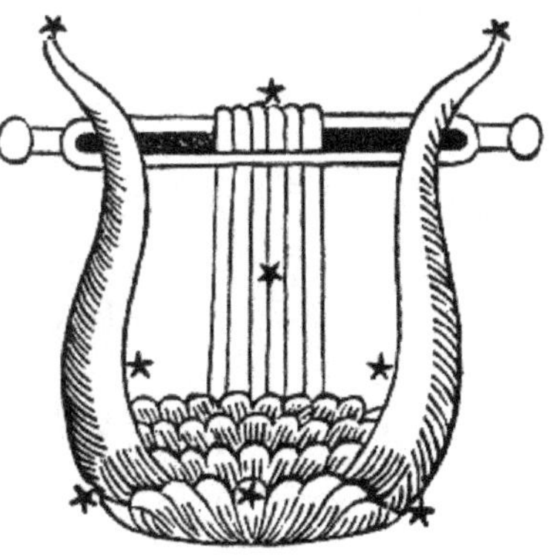

Xilografia tratta dal *Poeticon Astronomicon* di Igino del 1482.

un rapace, in particolare gli Arabi. In epoche più recenti era appesa questa Lira a un avvoltoio e la costellazione prese la denominazione di Avvoltoio cadente. Il nome stesso di Vega deriva da quest'ultima immagine, precisamente dall'arabo *Al Nasr al Wāqi'* [l'Avvoltoio in picchiata]. Anche Riccioli la chiama l'Avvoltoio che cade o che porta un Liuto (*Vultur cadens, vel deferens psalterium*[2]).

La costellazione della Lira viene così descritta da Arato nei *Fenomeni*: «La tartaruga inoltre c'è, che è piccola. Ermes, ancora in culla, la forò, le dette il nome Lira, la portò su nel cielo e la depose accanto alla figura sconosciuta la quale, ripiegata sulle gambe, con il ginocchio sinistro le si accosta»[3]. Eratostene nei *Catasterismi* riporta un mito più articolato riferendoci che la prima Lyra fu costrutita da Mercurio servendosi del guscio di una tartaruga, e aveva sette corde dal numero delle figlie di Atlante. Apollo la prese

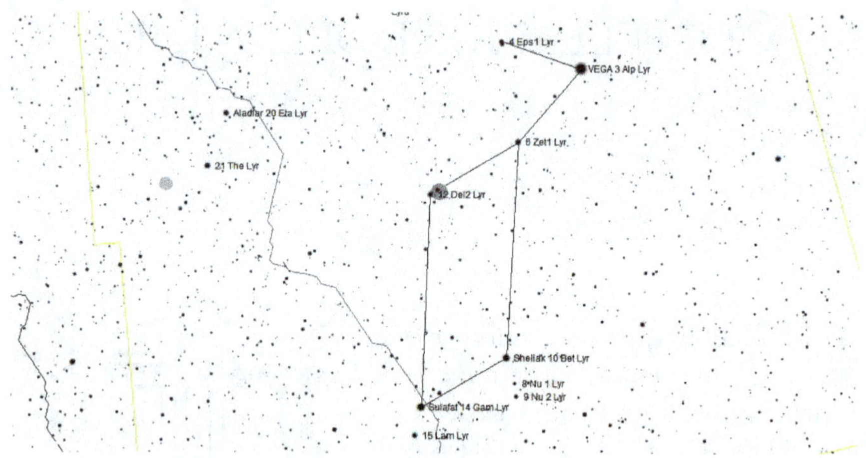

Mappa stellare della costellazione della Lira.

e dopo aver composto un canto la passò a Orfeo, il quale essendo figlio di Calliope, una delle Muse, cambiò in nove il numero delle corde come quello delle Muse acquistando fama tra gli uomini tanto che ebbe la reputazione di incantare gli alberi, le pietre e le fiere con il suo canto. Anche Igino riporta raccontando il mito associato alla costellazione della Lyra che: «Mercurio costruì la prima lira sul monte Cillene, in Arcadia, vi adattò sette corde, dal numero delle figlie di Atlante tra cui c'era Maia, madre di Mercurio»[4].

È importante mettere in evidenza che l'ideatore che ha eseguito le xilografie nella loro rappresentazione primordiale del 1482 ha mostrato un attento studio del *Poeticon Astronomicon* ricercando nella descrizione dei miti data da Igino particolari assai precisi e significativi per la realizzazione delle immagini. Nel caso della costellazione della Lyra è particolare la numerologia rappresentata dalle sette corde, che è fedelmente eseguita sia da chi ha ideato le xilografie del 1482 sia successivamente dall'artista che le ha poi raffigurate nel soffitto ligneo. Nel soffitto astronomico è ben rappresentato il trittico delle costellazioni Lira-Cigno-Aquila, le quali accostate le une alle altre rendono bene l'idea del famoso triangolo estivo formato dalle stelle Vega-Deneb-Altair. La costellazione della Lira si è conservata pressoché integra nel tempo, avendo riportato danni consistenti solo nella parte centrale in corrispondenza della stella posta al centro sulle corde. La descrizione della costellazione della Lira che Igino dà nella *Poetica* è la seguente:

Su ogni lato del carapace ha una stella[5], e una stella in ciascuna delle punte che si connettono alla testuggine come braccia[6]; ha una stella in mezzo a quelle che Eratostene immagina essere le spalle[7], una sul dorso della testuggine[8] e una in fondo alla Lira, che sembra essere la base di tutto l'insieme[9], e quindi sono nove in tutto.

## Note di chiusura

1. Vedi H. Rogers, *Origins of the ancient constellations: I. The Mesopotamian traditions.*
2. Vedi G.B. Riccioli, *Almagestum Novum*, p. 406.
3. Cfr. Arato, *Fenomeni*, (a cura di) V. Lanzara, Garzanti 2020, vv. 269-272.
4. Cfr. Igino, *Poeticon Astronomicon*, Libro II, paragrafo *De Lyra*.
5. È dubbia la localizzazione, sono le stelle η Aladfar o la stella θ, di magnitudine 4.
6. Sono le stelle λ e ν, di magnitudine 4.
7. La stella β Sheliak, il cui termine deriva dal nome arabo dato all'intera costellazione *Al-salbāq* [l'Arpa]; secondo Allen il termine deriverebbe dall'arabo *Al Shilyak*, uno dei nomi arabi dello strumento musicale rappresentato dalla costellazione. È la stella γ Sulafat, il cui nome secondo Kunitzsch deriverebbe dall'islamico *Al-sulahfāt* [la Testuggine]. Entrambe sono di magnitudine 3.
8. È la stella δ, di magnitudine 4.
9. È la stella α Vega, l'Avvoltoio in picchiata. Il nome deriva dall'arabo *Al Nasr al Wāqi'* [l'Aquila (o l'Avvoltoio) in picchiata]. Tolomeo nell'*Almagesto* la chiama con il nome dato alla costellazione: «*Fulgens quae in testa est et vocatur Lyra*». È di magnitudine 1.

L'Aquila raffigurata a Casa Provenzali.

# Costellazione dell'Aquila

Xilografia tratta dal *Poeticon Astronomicon* di Igino del 1482.

L'origine è piuttosto controversa e tutto starebbe a indicare nell'Aquila un uccello nel quale Giove si trasformò per rapire in cielo Ganimede e sostituirlo a Ebe. Se non che ai tempi di Tolomeo le stelle australi raffigurarono un altro personaggio, Antinoo, giovane legato sentimentalmente all'imperatore Adriano perito nel Nilo nel 131 D.C. e sembra fosse proprio Tolomeo a mettercelo.

Il nome della stella principale, Altair, deriva dall'arabo e fu chiamata *Al-nasr al-tā'ir*, ossia l'Aquila volante. Gli Arabi chiamarono invece con un solo nome il trio di stelle α, β, γ, e cioè *Al-mizan* ovvero la Bilancia, nome che l'astronomo persiano Al-Din al-Tusi tradusse nel persiano *sbabin-itarazu*, che vorrebbe dire il Giogo dei Piatti della Bilancia.

Arato ritiene questa costellazione annunciatrice di tempeste quando sorge dal mare al calare della notte, il che avviene in inverno come si può leggere nei *Fenomeni*: «Accanto a questa, ma più verso il Nord vola un uccello e un altro gli veleggia, non così grande accanto, rischioso sul finire della notte quando viene dal mare. E lo chiamano Aquila»[1].

La costellazione dell'Aquila è prossima all'equatore celeste e la sua collocazione nel soffitto ligneo è infatti nella zona delle costellazioni settentrionali al di sopra della fascia dello zodiaco.

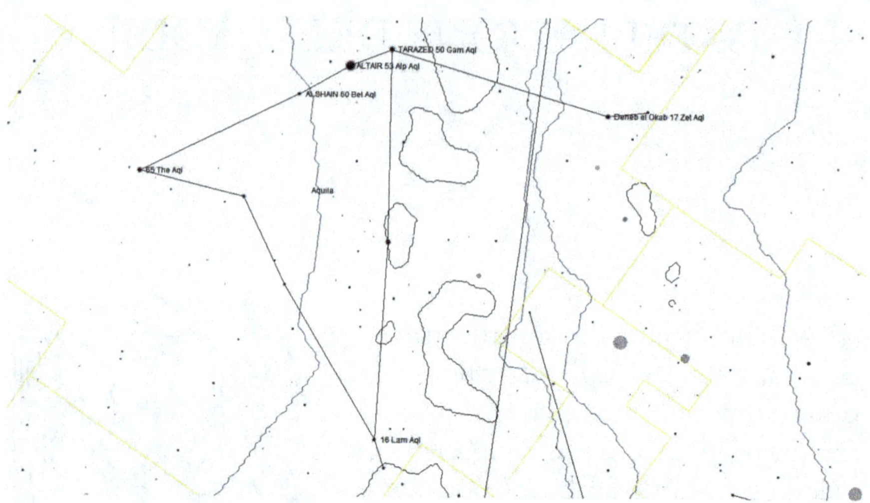

Mappa stellare della costellazione dell'Aquila.

La costellazione dell'Aquila era fortemente danneggiata nella parte centrale del petto del volatile, inoltre l'ala sinistra era quasi totalmente mancante. Il restauro ha riportato la costellazione dell'Aquila allo splendore originale ma sfortunatamente sono andati persi alcuni particolari indicativi delle astrotesie, come le due stelle poste sulle ali. Infatti la rappresentazione dell'Aquila nella xilografia del 1482 è molto semplice e in essa si contano solo quattro stelle visibili: una sul capo, una su entrambe le ali e una sulla coda. Come ci racconta Igino nel *Poeticon*:

Tramonta quando sorge il Leone e sorge insieme al Capricorno, ha sul capo una stella[2], una su ogni ala[3] e una sulla coda[4]. In totale quattro.

## *Note di chiusura*

1. Cfr. Arato, *Fenomeni*, (a cura di) V. Lanzara, Garzanti 2020, vv. 311-313.

2. È la stella α Altair, termine derivante da *Al-nasr al-tā'ir* [l'Aquila (o l'Avvoltoio) volante], talvolta chiamata anche Atair. Il nome ha probabilmente origini babilonesi perché in mesopotamia α Aql era la Testa dell'Aquila. Nell'*Almagesto* è una delle poche stelle di cui Tolomeo tramanda un nome proprio, nella versione latina del 1515 recita: «*Fulgens quae in occipite et vocatur Aquila*». È di magnitudine 2-3.

3. Sono le stelle ζ Deneb el Okab di magnitudine 3 e la stella θ che i Cinesi chiamavano *Tseen Foo* [il Battello Celeste], di magnitudine 3.

4. Stella λ, di magnitudine 3.

Il Cigno raffigurato a Casa Provenzali.

# Costellazione del Cigno

Nella cultura babilonese non è presente la costellazione del Cigno. In questa zona del cielo esiste invece la Pantera[1] (o un Grifone) chiamata UD.KA.DUH.A[2] [*Nimru*, Demone con la bocca spalancata], che rappresentava il dio Nergal. Purtroppo non abbiamo una descrizione della grande Pantera che comprende oltre alla costellazione dell'attuale Cigno anche la costellazione della Lacerta e parte della costellazione di Cefeo.

Xilografia tratta dal *Poeticon Astronomicon* di Igino del 1482.

Solo nell'elenco v di MUL.APIN quattro stelle della Pantera sono elencate separatamente, probabilmente la γ Cyg è il suo fianco, la α Cyg il petto, la α Lac è il ginocchio e β Cas il tallone.

Arato, Ipparco e Tolomeo chiamano la costellazione del Cigno semplicemente ορνιθοσ[3] [*Ornithos,* l'Uccello], mentre Mentone la chiamava la Gallina. L'interpretazione della configurazione di questa costellazione come un cigno la si deve a Eratostene. Nei *Catasterismi* la chiama: «il Grande Uccello [per distinguerla dal Piccolo Uccello, cioè l'Aquila] che rappresentano come un cigno»[4].

Nel x secolo gli Arabi lo denominarono Piccione e anche Gallina e tale nome durò per diversi secoli. Anzi il nome della stella Deneb pare che derivi proprio da *Al Dhanab al Dajāja* [la Coda della Gallina]. La stella Albireo ha forse la derivazione *ab ireo*, da un'errata traduzione latina di un manoscritto dell'*Almagesto* del 1515 dove fu scritto *euris* per *ornis*, da cui il latino *irio* e poscia *ireo*, che non ha alcun senso.

Nel Seicento Janson, discepolo di Thycone, fu il primo a osservare una stella nuova apparsa nel petto del Cigno di terza magnitudine che rimase visibile fino al 1621[5]. Nel 1627 vi fu un tentativo fatto da Julius Schiller, cartografo gesuita tedesco, di cristianizzare il cielo mitologico e di sostituire le vecchie immagini pagane presenti nel firmamento con i protagonisti della Bibbia e del Vangelo. Shiller sostituì il vecchio asterismo pagano del Cigno con la Croce portata da sant'Elena, madre di Costantino, al quale la tradizione ne attribuisce il ritrovamento della Vera Croce su cui fu crocefisso Gesù Cristo.

Esistono due versioni del mito associato a questa costellazione boreale. Il primo e più comune è il mito di Leda, a cui Zeus si era unito assumendo la forma di un cigno. Ma esiste anche una variante in cui Leda trovò un uovo fatto da Nemesi, che lo aveva abbandonato; il pastore che scoprì l'uovo lo portò a Leda che lo ripose in un cofanetto. Allorché dall'uovo uscì Elena, Leda la fece passare per sua figlia poiché era una bambina bellissima. Ma già Euripide ammette che la stessa Leda aveva fatto un uovo dopo i suoi amori con Zeus e dall'uovo erano nate le due coppie Polluce e Clitennestra, Elena e Castore.

Nel soffitto ligneo lo stato di conservazione della costellazione del Cigno dopo la rimozione del controsoffitto ottocentesco si presentava fortemente deteriorata e priva di particolari rilevanti. Nell'immagine del Cigno era presente una profonda fessurazione tra le tavole di legno; inoltre la testa del Cigno e parte del corpo, nonché dell'ala destra, erano andate perdute. Questo danno ha fortemente compromesso le astrotesie contenute in questa zona dell'immagine. I restauratori, ignorando che la fonte a cui aveva attinto l'artista fosse il *Poeticon* di Igino, non hanno rappresentato Albireo, la stella presente sul capo del Cigno. Probabilmente sono due gli artisti che hanno rappresentato la costellazione del

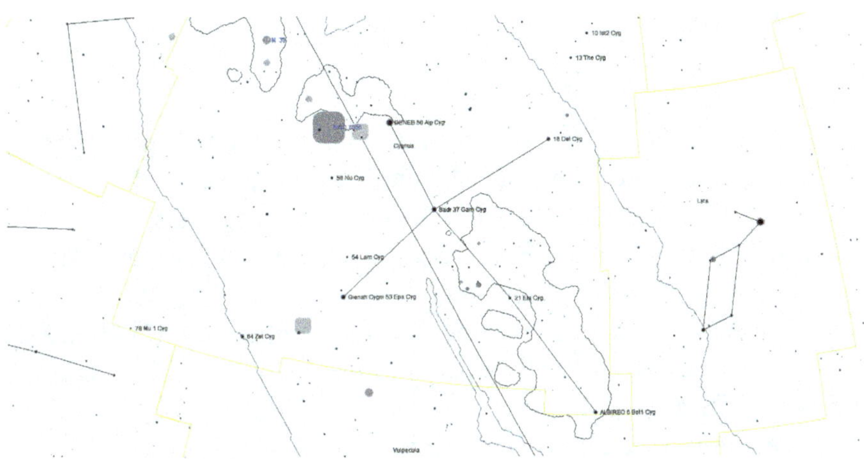

Mappa stellare della costellazione del Cigno.

Cigno. Infatti un primo pittore si è attenuto scrupolosamente al testo ponendo le stelle in modo corretto disponendole sulle ali, sulla coda e forse anche sul collo come nella xilografia; mentre un altro pittore, che evidentemente non conosceva la xilografia, ha commesso parecchi e grossolani errori nel rappresentare le astrotesie: sono state rappresentate due stelle, di cui una nella zampa e l'altra nella coscia destra del Cigno, che non sono presenti nella xilografia del 1482; così come la stella che è posta fuori campo sulla zampa sinistra non è presente nella stampa del 1482.

Igino descrive così la posizione delle stelle all'interno della costellazione del Cigno:

La costellazione tramonta quando sorgono la Vergine e le Chele
e scende verso l'orizzonte prima con la testa che con il resto delle
membra; sorge insieme al Capricorno. Ha una stella molto luminosa
sul capo[6], un'altra di pari lucentezza sul collo[7], cinque su ogni ala[8] e una
sulla coda[9]. In totale ha tredici stelle.

*Note di chiusura*

1. Secondo la *Reallexikon der Assyrologie und Voerderasiatichen Archäologie*, sarebbe il Leopardo l'identificazione più corretta.

2. Vedi H. Hunger e J. Steele, *The babylonian astronomical compendium MUL.APIN*, editore Routledge Taylor & Francis group 2019, p. 115.

3. Cfr. Arato, *Fenomeni*, (a cura di) V. Lanzara, Garzanti 2020, v. 275.

4. Vedi Eratostene, *Epitome dei catasterismi*, (a cura di) A. Santoni, Edizioni ETS 2009, p. 115.

5. Vedi G.B. Riccioli, *Almagestum Novum*, p. 406.

6. La stella β Albireo deve il suo nome, sembra, a una errata traduzione latina di un manoscritto dell'*Almagesto* del 1515. Poiché in una nota apposta al nome latino della costellazione un traduttore credette di poterlo derivare dalla denominazione di un'erba aromatica che conosceva (*ireus*) scrisse: «*eirisim... ab ireo* [il nome della costellazione] *eirisim* [deriva] *da ireus*». Nel testo latino *ierus* diventa *ireo* perché declinato in ablativo in un manoscritto latino dell'*Almagesto*, dato che le parole finali di questo commento *ab ireo* furono scritte nella linea immediatamente sottostante il nome della costellazione dove di solito inizia la descrizione delle stelle. Poiché la prima stella trattata nell'*Almagesto* sotto la costellazione del Cigno è la β Cyg, le parole *ab ireo* vennero scambiate per il nome della stella. Tra gli Arabi questa stella era nota col nome di *Al-Minhar-al-Dagiageh* [il Muso della Gallina]. È di magnitudine 3.

7. La γ Sadr. Secondo Allen il nome deriva dall'arabo *Al Sadr al Dajāja* [il Petto della Gallina], è di magnitudine 3.

8. Sono le stelle δ, θ, ι, κ, o di magnitudine 4 e la stella ε Gienah, il nome è lo stesso della γ Crv: d'altra parte entrambe le stelle rappresentano un'ala, *Al Janah* [l'Ala: lì del Corvo, qui del Cigno; o meglio per gli Arabi della Gallina], di magnitudine 3. Le stelle λ, ζ, ν. La stella μ chiamata Azelfafage deriva secondo Kunitzsch dall'arabo *Al-Sulahfat* [la Testuggine], di magnitudine 3-4.

9. La α Deneb. Secondo Allen il suo nome deriverebbe dall'arabo *Al Dhanab al Dajāja* [la Coda della Gallina], che nel tempo si sarebbe via via corrotto in *Denebadigege*, Deneb Adige. Le *Tavole Alfonsine* la designano come Arided, probabilmente derivato da *Al Ridhadh* [la Splendente, la Fulgida], poi corrotto in *El Rided*, che anticamente erano usate per l'intera costellazione, è di magnitudine 2.

L'Ofiuco raffigurato a Casa Provenzali.

# Costellazione dell'Ofiuco

È forse la lunga linea sinuosa di stelle che si estende da η Ophiuchi fino a δ Serpentis che ha permesso all'immaginazione popolare di poter vedere in quest'asterismo un serpente. La forma umana che porta il serpente deve essere stata aggiunta in seguito, come alla Vergine fu aggiunto il mazzo di spighe e all'Acquario l'anfora. Quasi sicuramente questa figura metà animale e metà uomo è d'ispirazione egizia perché l'origine di tale asterismo non va ricercata tra i Babilonesi, che non avevano nulla di simile in questa posizione sulla loro mappa celeste.

Xilografia tratta dal *Poeticon Astronomicon* di Igino del 1482.

Ma esiste tra gli Egizi, come ha mostrato W. Gundel basandosi sulla testimonianza fornita dall'elenco dei decani del L.H.T. (21, 38)[1].

Il vocabolo greco οφιούχος (*Ofioúchus*) ha subito varie traduzioni latine, la più comune delle quali è *Anguitenens*, o più raramente *Anguifer* o *Anguiger*. Il temine *serpentario* apparirà solo successivamente[2]. L'orientalista Jacob Golius ritiene che rappresenti un incantatore di serpenti, gli psilli[3] della Libia, noti come celebri incantatori di serpenti e abili nel curare i morsi dei serpenti velenosi; ciò sembrerebbe confermato dal titolo della costellazione *Le Psylle* nell'edizione di Schjellerup[4] dell'opera di Al Sufi, astronomo arabo del X secolo.

Sembra che la costellazione dell'Ofiuco, intrinsecamente legata alla costellazione del Serpente, rappresentasse Asclepio, considerato dai Greci il dio della medicina. Entrò nel culto romano con il nome di Esculapio, avrebbe curato Ercole dalle sue ferite e risuscitato Orione. Altri raccontano che Esculapio riportò in vita Glauco, figlio di Minosse, che era caduto in un orcio pieno di miele affogandovi mentre stava giocando a palla. Ed è in questo racconto che si fa riferimento a un serpente. Si narra che Esculapio tenesse in mano un bastone mentre rifletteva su come poter liberare Glauco e si dice che un serpente si avvolse intorno al bastone. Allora Esculapio lo uccise colpendolo molte volte con il bastone mentre la serpe tentava di fuggire. Sopraggiunse poi un altro serpente con in bocca un'erba che applicò al capo dell'altro, dopodiché entrambi i serpenti fuggirono via da quel luogo. Esculapio usò quella stessa erba per riportare in vita Glauco ed è per questo motivo che il serpente è protetto da Esculapio e compare tra le stelle. Secondo Palefato l'erba grazie alla quale Glauco resuscitò si chiama *Dràcon*, che significa serpente[5].

Igino unì le due costellazioni, quella dell'Ofiuco e quella del Serpente oggi distinte, in un'unica costellazione[6]. Lo stato di conservazione della costellazione dell'Ofiuco nel soffitto ligneo di Casa Provenzali è ottimo e la ricchezza dei particolari permette di seguire alla lettera la descrizione che Igino ne dà nella *Poetica*: «Sorge simultaneamente allo Scorpione e al Sagittario. Ha una stella sulla testa[7], una su ciascuna spalla[8], tre nella mano sinistra[9], quattro nella destra[10], due sui lombi[11], una per ciascun ginocchio[12], una sulla gamba destra[13], una su ciascun piede, più luminosa quella del destro[14]. In tutto fa diciassette stelle».

Il 10 ottobre 1604 apparve una stella nuova, scoperta da Brunowski allievo di Keplero, nel piede orientale dell'Ofiuco presso la stella θ Ophiuchi, la cosiddetta "Stella Nova di Keplero", la quale diede a Galileo l'occasione per il suo assalto all'assioma aristotelico dell'*incorruttibilità dei cieli* nel poemetto *Dialogo de Cecco di Ronchitti da Bruzene. In proposito de la stella Nuova*, pubblicato a Padova nel 1605. Qui si racconta di due contadini, Matteo e Natale, che parlottano tra loro in dialetto mentre stanchi tornano dai campi. Discutono di una "stella nuova" che è apparsa in cielo improvvisamente poco prima della metà di ottobre del 1604 e si chiedono se ci sia una correlazione tra la siccità delle campagne e l'apparizione della stella. Ma soprattutto discutono delle critiche che un certo filosofo ha diffuso contro

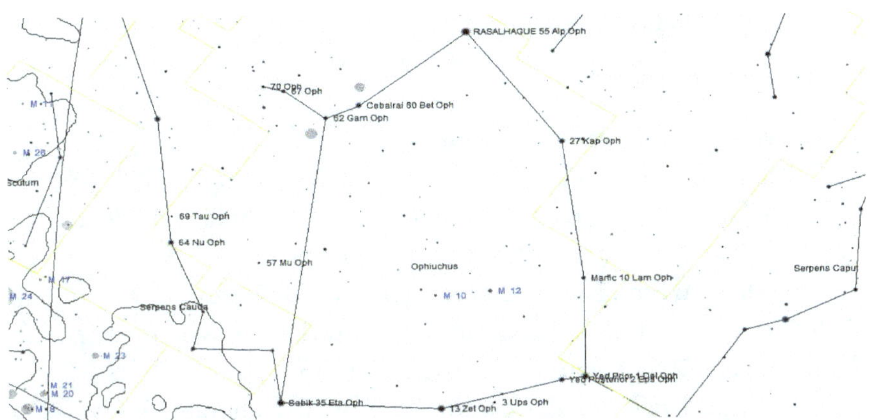

Mappa stellare della costellazione dell'Ofiuco.

un matematico, secondo il quale la "nuova stella" è da considerarsi a tutti gli effetti una stella del firmamento, in contrasto con il pensiero di Aristotele e di molti professori universitari padovani. Il filosofo, o meglio i filosofi derisi dai due contadini, potevano essere il conte Baldassarre Capra e forse un docente di filosofia dell'università di Padova, tale Antonio Lorenzini, il quale diede alle stampe un'operetta dal titolo *Discorso intorno alla Nuova Stella* e che forse era stata composta o dettata dal filosofo aristotelico centese Cesare Cremonino[15] in difesa dell'incorruttibilità dei cieli, uscita in due edizioni poche settimane prima che fosse pubblicato il *Dialogo de Cecco di Ronchitti.* Il matematico, il cui nome non viene mai citato dai due contadini e dalla descrizione che ne danno, è un uomo sui quarant'anni che insegnava matematica all'ateneo di Padova e che ovviamente non poteva che essere Galileo Galilei. Sembra che Galileo avesse tenuto qualche lezione sulla *Stella Nova* sostenendo tesi soggette a forti critiche da parte degli aristotelici. Da alcune note manoscritte risulta che Galilei fece delle osservazioni tra l'ottobre del 1604 e il marzo del 1605 con lo scopo di valutare eventuali spostamenti della *nova* rispetto alle stelle al fine di ottenere prove capaci di accreditare la tesi che pur variando la luminosità apparteneva alla sfera delle stelle fisse e non poteva essere un fenomeno verificatosi sotto la sfera della Luna.

*Note di chiusura*

1. Vedi P. W., loc. cit, c. 653 e 660.

2. Vedi R.H. Allen, *Star name their lore and meaning*, p. 298.

3. Nella mitologia greca Psillo è il re di una popolazione della Cirenaica, gli Psilli, famosi incantatori di serpenti.

4. Vedi R. Al Sufi, *Description des etile fixes*, 1870, p. 95.

5. Vedi (a cura di) G. Chiarini e G. Guidorizzi, *Mitologia astrale*, Igino, nota n° 103, Adelphi, Milano 2009, p. 133.

6. Cfr. Igino, *Poeticon Astronomicon*, Libro II, paragrafo *De Ophiucho*.

7. La stella α Ras Alhague è la Testa dell'Incantatore di Serpenti, oppure la Testa del Raccoglitore di Serpenti, cioè la Testa del Serpentario. Il nome deriva dall'arabo *Ra's al Hawwā*. Le *Tavole Alfonsine* del 1521 riportano la versione Rasalauge, nel tempo si sono susseguite diverse alterazioni del nome originale. È di magnitudine 2-3.

8. La stella sulla sinistra è la β Celbarai, i diversi nomi attribuiti a questa stella derivano secondo Allen dall'arabo antico *Kalb al Rā'ī* [il Cane da pastore]. È di magnitudine 4-3. La stella sulla destra è la κ, di magnitudine 4.

9. La Stella δ Yed Prior è la più occidentale delle due stelle (δ, ε) che marcano la mano destra di Ofiuco; Yed dovrebbe derivare dall'arabo *Al-Yad* [la Mano, la Prima Stella della Mano]. La stella ε Yed Posterior segue da presso Yed Prior e ovviamente significa la Seconda Stella nella Mano. Entrambe di magnitudine 3. La stella λ Marfik, il cui nome deriva dall'arabo *Al Marfiq* [il Gomito]: la stella infatti designa il gomito di Ofiuco. Come scrive Tolomeo: «*Quae in cubito sinistro*». È di magnitudine 4.

10. Stelle γ, μ. Per la stella ν Allen riporta l'antico nome cinese *She Low* [la Torre del Mercato]. È la stella τ, di magnitudine 4.

11. Sono le stelle 67 e 70, entrambe di 4° grandezza, del catalogo di Tolomeo.

12. La stella a sinistra è la ζ. A questa stella, pur abbastanza notevole, non viene attribuito nessun nome proprio, «*quae in sinistro genu*»

la definisce Tolomeo. Secondo Allen ne aveva uno però nell'antica Cina: Han, che era anche il nome di un antico Stato feudale cinese. A destra la stella η Sabik, il cui nome viene tramandato da Al Tizini, deriverebbe da *Al-sābiq,* di incerto significato, forse "la Precedente" ma anche "la Prima in una corsa"; infatti Allen riporta l'opinione di studiosi secondo i quali l'originario nome arabo doveva essere *Saik* [l'Auriga]. È di magnitudine 3. Per i Cinesi era Sung, un altro Stato feudale.

13. La stella ξ era conosciuta come Wajrik [il Mago]; oppure Markha-shik [il Morso del Serpente], di magnitudine 4-3.

14. La stella a sinistra è la ρ e a destra la stella θ, che il gesuita Joseph Epping, astronomo e assirologo del XIX secolo sostiene essere la 25° costellazione dell'eclittica di Babilonia contrassegnata come Kash-shud Sha-ka-tar-pa, di significato sconosciuto, di magnitudine 4.

15. Vedi E. Bellone, *Galilei e l'abisso*, Codice edizioni Torino 2009, p. 4.

Il Serpente raffigurato a Casa Provenzali.

# Costellazione del Serpente

Solo in tempi recenti la costellazione dell'Ofiuco è stata separata da quella del Serpente, che a sua volta è stata divisa in due: la *Serpes Caput* e la *Serpes Cauda*.

La costellazione del Serpente nel soffitto ligneo era danneggiata nella parte centrale, che nel restauro è evidenziata come la zona più chiara.

In questa zona difatti sono andate perse alcune stelle: una posta nella seconda ansa dove sarebbero dovute essere sei e altre due sempre localizzate nell'ansa interessata dal restauro.

Nel *Poeticon Astronomicon* Igino descrive solo la costellazione dell'Ofiuco dandone la seguente descrizione:

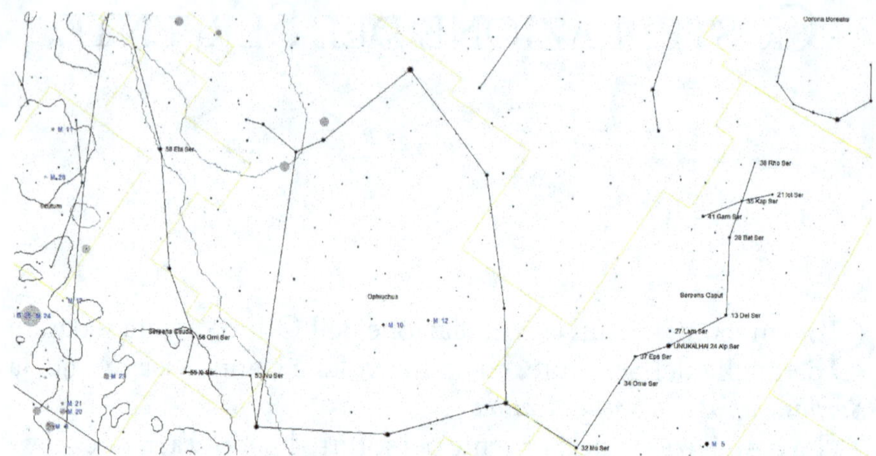

Mappa stellare della costellazione del Serpente.

Il Serpente a sua volta ha due stelle nel capo[1], quattro sotto la testa, tutte insieme[2]. Nella mano sinistra del Serpentario ce ne sono due, ma la più vicina al suo corpo è più luminosa[3]. Nel punto in cui il dorso del Serpente si congiunge con il corpo del Serpentario vi sono cinque stelle[4], nella prima ansa della coda quattro[5], nella seconda in direzione della testa sei[6]. In tutto fa ventitré stelle.

## Note di chiusura

1. Stelle π, ρ, di magnitudine 4.

2. Stelle ι, κ di magnitudine 4 e le stelle β, γ di magnitudine 3.

3. Stelle b, o forse la χ.

4. Stelle ν, ξ, o forse 20 oph e υ, di magnitudine 4.

5. La stella θ Alya. Secondo Kunitzsch il nome probabilmente deriva dal termine arabo *alya*, che sta a indicare la coda grassoccia di una razza di pecore mediorientali. La stella rappresenta la punta della coda del Serpente ed è di magnitudine 4. Sono le stelle η, ζ, o, ξ, υ, di magnitudine 4. Le sei stelle sono tutte nella coda del Serpente, Serpes Cauda, mentre Igino colloca sei stelle nella seconda ansa in direzione della testa.

6. Stelle δ, λ di magnitudine 3 la prima e 4 la seconda. La stella α Unukalhai, il cui nome viene dall'arabo *'Unuq al Ḥayya* [il Collo del Serpente]; la stella è stata in passato chiamata anche Cor Serpentis [il Cuore del Serpente], di magnitudine 3. Le stelle ε, ω, μ, di magnitudine 3-4.

La Sagitta raffigurato a Casa Provenzali.

# Costellazione della Sagitta

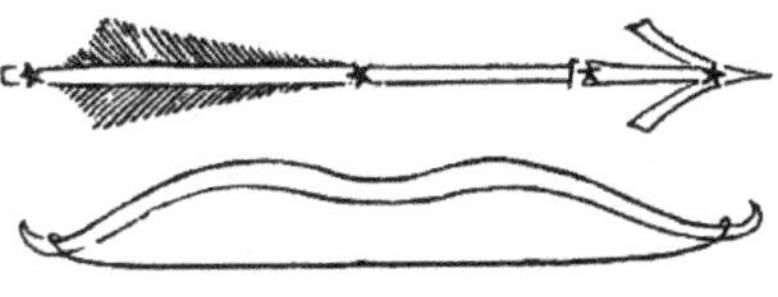

Xilografia tratta dal *Poeticon Astronomicon* di Igino del 1482.

Eratostene riporta un racconto a proposito della freccia che apparteneva ad Apollo, il cui figlio era Asclepio il dio della medicina. La freccia in questione divenne uno strumento di vendetta poiché Asclepio aveva il potere di guarire persino dalla morte e di resuscitare i morti. Ade, il dio degli inferi, se ne lamentò con Zeus perché da tempo non acquisiva nuovi sudditi per il suo regno e così Zeus prestò ascolto al sovrano della morte e colpì Asclepio con un fulmine. Le armi di Zeus e il suo arsenale di tuoni e fulmini era stato forgiato da tre mostruosi ciclopi e si dice che per vendetta per la perdita del figlio Apollo uccise i ciclopi con una freccia, che è la Freccia che vediamo in cielo rappresentata dalla costellazione della Sagitta.

Una terza storia si riferisce a Eros, il dio dell'amore. La Freccia accese la passione di Zeus per il giovane Ganimede, che Zeus portò con sé sull'Olimpo dove divenne il coppiere degli dei.

Secondo Igino la freccia sarebbe una di quelle usate da Ercole per uccidere l'aquila che divorava il fegato di Prometeo. Verrebbe così raffigurato nel firmamento il mito di Prometeo, essendo le tre costellazioni di Ercole, dell'Aquila e della Freccia tra loro vicine.

Secondo Allen alcuni autori latini chiamavano la costellazione della Freccia *Canna*, *Calamus* e *Harundo*, termini che significano la canna con cui si formano le aste delle frecce; e *Jaculum* [Freccia] o *Telum* [l'Arma], cioè il giavellotto con il suo dardo.

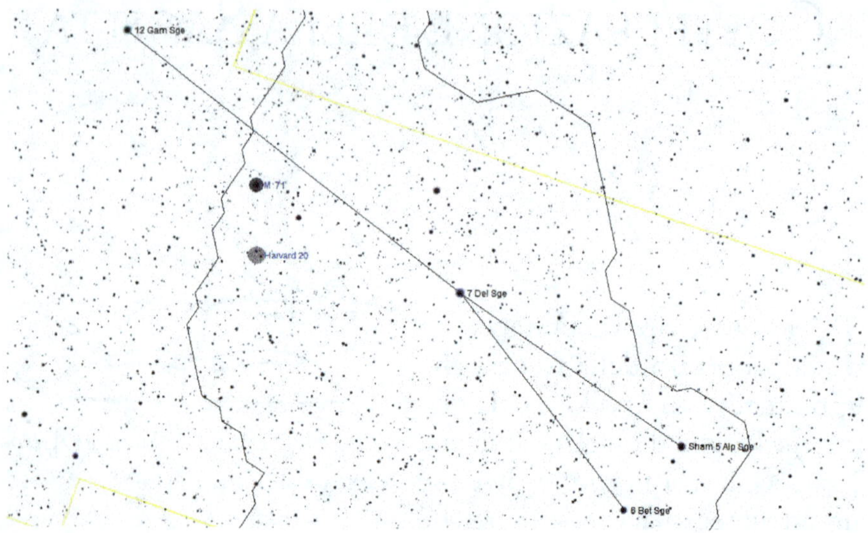

Mappa stellare della costellazione della Sagitta.

L'astronomo Giovani Battista Riccioli nell'*Almagestum Novum* riporta i vari termini con cui la costellazione della Sagitta era chiamata sia in Turchia che nel mondo arabo. In Turchia la costellazione della freccia veniva chiamata *Orfercalim*, termine che deriva dal turco *Otysys Kalem* [Freccia], mentre riporta come designazione araba *Schaham*, benché il termine arabo corretto che individua l'intera costellazione è *Al Sham* [la Freccia]. Nelle *Tavole Alfonsine* del 1515 la costellazione della Freccia era indicata con il termine *Alahance*, che forse è derivato dall'arabo *Al Hams o Hamsah* [le Cinque Stelle]. La costellazione della Sagitta era fortemente deturpata nel soffitto ligneo e malgrado il restauro la parte più significativa, cioè la rappresentazione della Freccia che doveva contenere le quattro stelle indicate da Igino nel *Poeticon*, nonché parte dell'arco, è andata perduta. Solo la stella raffigurata sulla punta della freccia è sopravvissuta, sebbene un'altra sia visibile nell'impugnatura dell'arco; ma tale stella non è presente nella xilografia del 1482, evidentemente l'artista ha commesso un errore grossolano raffigurandola in quel punto.

Igino identifica nella *Poetica* le stelle della costellazione della Sagitta in questo modo:

Tramonta quando sorge la Vergine e sorge insieme allo Scorpione. Ha in tutto quattro stelle, di cui una all'inizio dell'asta[1], l'altra nel mezzo[2] e due nel posto in cui solitamente è innestata la punta, che appaiono ben distinte tra loro[3].

Manilio nell'*Astronomicon* indica la costellazione della Sagitta dopo il Cigno, dove effettivamente è posta nel soffitto ligneo. Anche se non è sempre seguita rigorosamente la sequenza con cui Manilio elenca le costellazioni, l'*Astronomicon* sembra la fonte più plausibile al fine della determinazione della sequenza con cui si susseguono le varie costellazioni.

*Note di chiusura*

1. La Stella γ è descritta così da Tolomeo nell'*Almagesto*: «*quae in ferro sagittae solitaria est*», è di magnitudine 3.
2. Stella δ, di magnitudine 5.
3. Le stelle α *Al Sham* [la Freccia], e la stella β. Queste due stelle formano le ali, entrambe di magnitudine 5.

Il Delfino raffigurato a Casa Provenzali.

# Costellazione del Delfino

S embra che i Babilonesi vedessero in questa costellazione un maiale[1]. È probabile che marinai, forse fenici, siano stati i primi a dare a questa costellazione il nome di un animale acquatico[2].

Xilografia tratta dal *Poeticon Astronomicon* di Igino del 1482.

I Greci la chiamavano δελφίν (*Delphinus*) e in quest'asterismo fu identificato il delfino inviato da Nettuno per scoprire il rifugio di Anfitrite. Riccioli e La Lande citano[3] Ermippo, commediografo greco del IV sec A.C., per la costellazione del Delfino.

Igino nei *Miti* narra[4] che Libero (Dioniso) si era imbarcato su una nave di pirati etruschi per il suo viaggio verso Nasso. I pirati cercarono di usare violenza a Libero e solo Acete, il timoniere, cercò di proteggerlo.

Quando Libero si vide affrontato dagli altri marinai trasformò i remi in tirsi, le vele in pampini, le gomene in edera, poi sbucarono fuori leoni e pantere. I marinai terrorizzati si gettarono in mare e Libero li trasformò man mano in delfini. Solo ad Acete per riconoscenza salvò la vita.

Il mito più accreditato è quello del delfino che salvò il poeta Arione di Metimna, il quale era un eccellente suonatore di cetra gettato in mare dai marinai della nave che lo trasportava a Corinto per impadronirsi delle sue ricchezze. Ci sono però altri riferimenti; tra gli Ebrei era il pesce nel cui ventre fu ospitato Giona per tre giorni e tre notti.

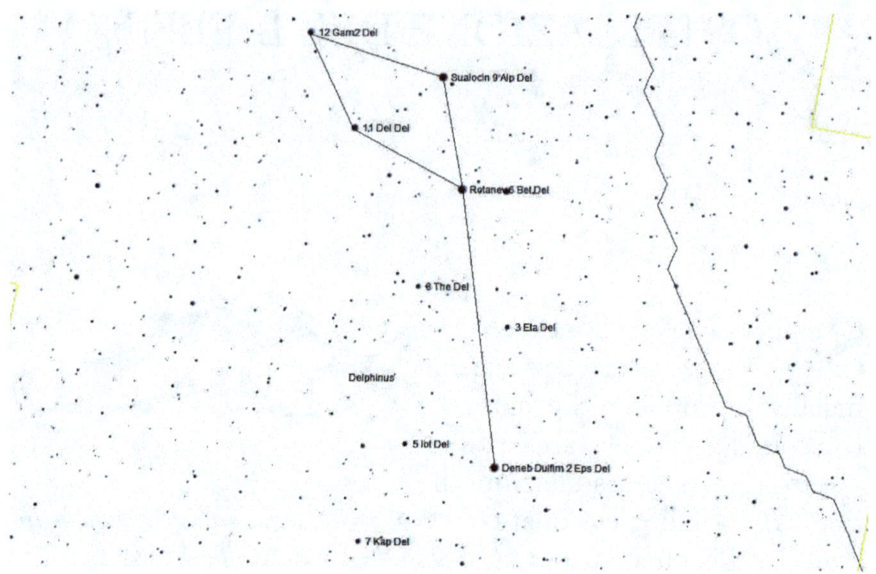

Mappa stellare della costellazione del Delfino.

La costellazione del Delfino era fortemente danneggiata nel soffitto ligneo e malgrado il restauro si riesce solo a distinguere la parte del capo dove è visibile un occhio, mentre la parte sottostante è mancante. Dalla costellazione del Delfino in poi, procedendo fino alla costellazione del Triangolo, viene rispettato quasi alla lettera dal progettista del soffitto astronomico l'ordine con cui Manilio elenca queste costellazioni nell'*Astronomicon*.

Igino descrive così le stelle del Delfino nella *Poetica*:

Sorge insieme alla parte posteriore del Sagittario e tramonta quando la Vergine sorge con il capo. Ha sulla testa due stelle[5] e due sopra la testa nella direzione della nuca[6], tre stelle sul ventre[7] come se fossero pinne, una sul dorso[8] e due sulla coda[9]. In tutto dieci stelle.

## Note di chiusura

1. Vedi A. Florisone, *Astres et constellations des Babyloniens*, 1951, nota 5, p. 161.

2. Cfr. A. Le Boeuffle, *Les noms latins d'astres et de constellations*, Les Belles Letters, Parigi 2010, p. 113.

3. Vedi G.B. Riccioli, *Almagestum Novum*, p. 407.

4. Cfr. Igino, *Poeticon Astronomicon*, Libro II, paragrafo *De Delphine*.

5. Stella $\gamma$, di magnitudine 3-4.

6. La stella $\alpha$ Sualocin e la stella $\beta$ Rotanev, sono termini coniati da Giuseppe Piazzi. I due nomi letti a rovescio suonano Nicolaus Venator, nome latinizzato di Niccolo Cacciatore, allora assistente del Piazzi all'Osservatorio di Palermo e suo successore nella direzione, entrambe di magnitudine 3-4.

7. Stelle $\beta$, $\delta$ di magnitudine 3-4 e la stella $\theta$ di magnitudine 6.

8. Stella $\eta$, di magnitudine 6.

9. Stelle $\varepsilon$, $\iota$ oppure la stella $\kappa$ di magnitudine 4-5.

Il Cavallino raffigurato a Casa Provenzali.

# Costellazione del Cavallino

Non troviamo quasi traccia della costellazione del Cavallino, meglio nota come la costellazione "che viene prima del Cavallo" (Pegaso) nei testi latini dell'antichità[1]. Infatti questo piccolo asterismo non è menzionato né da Arato, né da Eratostene, né da Ipparco nel suo *Commento*, ma è tuttavia a quest'ultimo che ne viene attribuita l'invenzione secondo lo scrittore Gemino[2]. Tolomeo lo chiama anche ιππου προτομή[3] [*Hippou protomí*, la Parte anteriore del Cavallo], designando la costellazione semplicemente Cavallo, riservando a Pegaso il termine di Grande Cavallo. Gli Arabi la chiamano *Kitalpharas*, termine usato anche per designare l'intera costellazione.

Questa costellazione non è presente nella *Poetica* di Igino, dove invece sono menzionate le Pleiadi come costellazione a sé stante e non inglobata nella costellazione del Toro. Giovan Battista Riccioli chiama la piccola costellazione *Elmac Alcheras*. Anche sull'*Atlante Farnese* custodito nel Salone della meridiana all'interno del Museo archeologico nazionale di Napoli la costellazione del Cavallino non è presente.

Il Cavallino può forse essere connesso alla leggenda di Ippe figlia del centauro Chirone, che sedotta da Eolo sfuggì all'ira del padre rifugiandosi sul Pelio. Qui portò a compimento la gravidanza partorendo una bambina, Melanippe, ma Chirone riuscì a mettersi sulle loro tracce. Vistasi scoperta Ippe decise di rivolgersi agli dei, che benevolmente la trasformarono in cavalla collocandola in cielo sotto forma di costellazione.

La costellazione del Cavallino è una delle due che non sono presenti nel *Poeticon Astronomicon*; la seconda è la Corona Australe. Della costellazione del Cavallino ovviamente non conosciamo le astrotesie, come invece le troviamo descritte per le altre

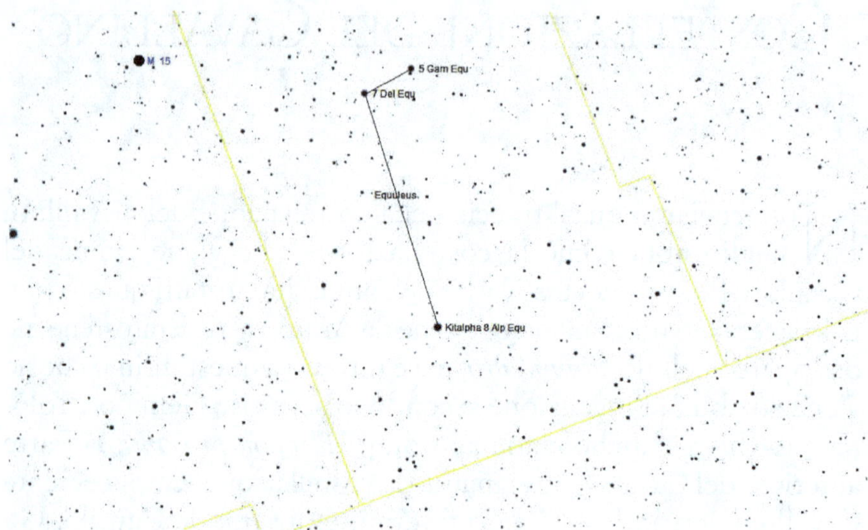

Mappa stellare della costellazione del Cavallino.

costellazioni. La disposizione delle stelle che rappresentano le costellazioni riportate nel *Poeticon* non rispecchiano rigorosamente la loro localizzazione cartografica sulla sfera celeste; invece nella costellazione del Cavallino raffigurata nel soffitto ligneo la disposizione del quadrilatero di stelle si è conservata integra nel tempo e la localizzazione delle stelle presenti al suo interno rispecchia esattamente la sua controparte celeste. Dubito fortemente che l'artista che ha realizzato questo dipinto si sia preso una licenza "astronomica"; è più probabile che l'ideatore dell'impianto conoscendo bene la disposizione delle quattro stelle che formano il quadrilatero del Cavallino sulla sfera celeste le abbia fatte riprodurre sulla sua testa.

*Note di chiusura*

1. Vedi A. le Boeuffle, *Les noms latins d'astres et de constellations*, Les Belles Letters, Parigi 2010, p. 116.

2. Vedi G. Strohmaier, *Die sterne des Abd ar- Rahman as-Sufi*, Verlag Muller & Kiepenheur 1984, p. 46. Gemino di Rodi, astronomo greco del I secolo A.C.

3. Vedi Tolomeo, *Mathēmatikè sýntaxis*, VII, 5.

Pegaso raffigurato a Casa Provenzali.

# Costellazione di Pegaso

Nella sfera babilonese era chiamato ASH.IKU[1] il campo o il mare di Ea che si trova davanti alla stella di Anu. In questa zona del cielo si disegna la metà anteriore di un cavallo munita di un paio di ali e si aggiunge davanti a essa un'altra testa di cavallo che si chiama il Piccolo Cavallo o Cavallino. Queste due costellazioni sono antiche, Tolomeo chiamò la prima *Hippos* [il Cavallo] e la seconda *Hippou*

Xilografia tratta dal *Poeticon Astronomicon* di Igino del 1482.

*protomè* [la Parte anteriore del Cavallo]. Eratostene scrisse nei *Catasterismi* che «la parte posteriore del Cavallo è invisibile per non mostrare che esso è femmina»[2].

All'epoca di Eratostene il Cavallino non esisteva ancora, lo si incontra per la prima volta nel catalogo di Ipparco.

Tolomeo lo chiama semplicemente il Cavallo e fu solo nei primi secoli della nostra era che ricevette il nome di Pegaso. Gli Arabi nel X secolo chiamavano Pegaso *Al-faras-al-azham* [il Gran Cavallo], e il Cavallino *Kita-al-faras* [il Pezzo del Cavallo]. In questo quadrato vedevano pure un pozzo e una secchia, e parecchie stelle ricevettero dei nomi in relazione a tali figure nonché altri nomi simbolici come: la Felicità della Prudenza e la Felicità dell'Intelligenza.

Forse questa testa di cavallo decapitato è l'ultimo vestigio dei sacrifici equini che sembrava si facessero nell'Egitto e nella Cina.

Nella sfera cinese c'è un asterismo chiamato *Tien-Kiou* [la Scuderia Celeste]; alcuni ritengono che tali stelle passassero al meridiano in primavera all'epoca in cui si ripulivano le scuderie, spalmandole poi con il sangue di un cavallo immolato[3].

I nomi di diverse stelle della costellazione sono di derivazione araba: così la α è Markab [la Spalla del Cavallo]; la β è Scheat [lo Stinco]; la γ è Algenib (da *Al-janb-al-faras* [il Lato del Cavallo]). A tal proposito ricordiamo che la sopracitata α di Andromeda, Alpheratz, il cui termine può derivare da un'abbreviazione del nome *Alpheraz id est uquus* [Alpheraz cioè il Cavallo], che veniva applicato direttamente ad α And anche in epoca medievale e veniva spesso identificata con la δ di Pegaso.

In ogni caso autori latini medievali hanno confuso questi due nomi, la loro ortografia e le loro identificazioni, e l'applicazione moderna di Alpheratz ad α And ci arriva dal tardo Medioevo. In tempi recenti la α And è stata poi conosciuta con il termine *Sirrah*, che deriva da *Surrat-al-faras* [l'Ombelico del Cavallo], certamente un termine poco appropriato per la testa d'una principessa.

Il nome Pegaso si faceva derivare dalla parola greca che significa sorgente e si raccontava che era nato "alle fonti dell'oceano", cioè nell'estremo Occidente, quando Perseo uccise la Gorgone. Talvolta la leggenda voleva che questo cavallo divino si fosse slanciato dal collo della Gorgone e allora era (come Crisaore, nato contemporaneamente) figlio di Poseidone e della Gorgone. Un'altra leggenda affermava che era nato dalla Terra fecondata dal sangue della Gorgone.

Nascendo Pegaso volò verso l'Olimpo, dove si mise al servizio di Zeus portandogli il fulmine.

La costellazione di Pegaso è presente nel soffitto ligneo, sebbene il restauro non abbia permesso di mettere in evidenza tutte le diciotto stelle che secondo Igino ne compongono l'asterismo, essendone rimaste visibili solo sei. Le stelle che si sono conservate ben visibili sono poste su ciascun ginocchio e sul petto, ma la più importante è sull'ombelico, Alpheratz o α And. La sua

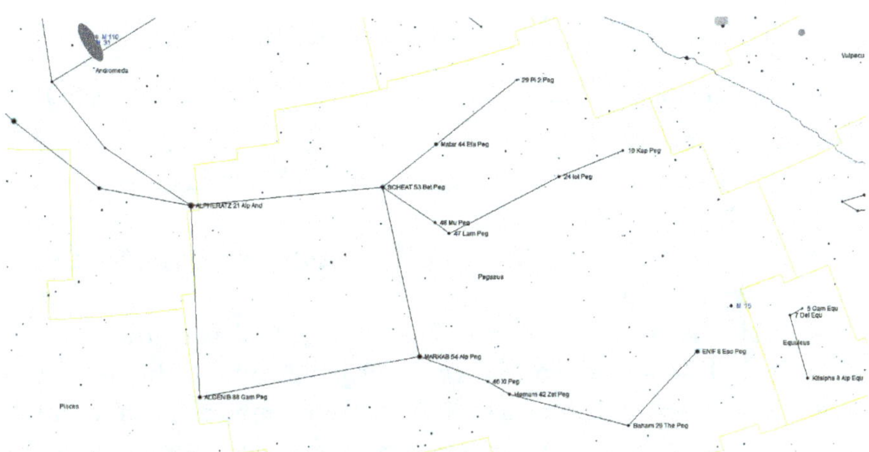

Mappa stellare della costellazione di Pegaso.

identificazione con Alpheratz può essere certa, essendo una stella molto luminosa di magnitudine 2 che è stata rappresentata dall'artista sul cavallo Pegaso con una stella molto grande, che significa molto brillante.

La descrizione della costellazione di Pegaso che Igino dà è la seguente:

> Tramonta insieme al primo dei due Pesci, che è fissato sulla sua groppa; sorge inseme all'Acquario, al Pesce con il quale tramonta e alla mano destra dell'acquario. Ha sul muso due stelle poco luminose[4], una sul capo[5], una sulla mascella[6], una su ciascun orecchio[7], quattro poco luminose sulla nuca[8], mentre la più luminosa è quella che si trova presso il capo[9]. Ha una stella luminosa sulla spalla, una sul petto, una tra le scapole[10], una da ultimo sull'ombelico che viene anche chiamata Testa di Andromeda[11], una stella su ogni ginocchio[12] e una su ogni garretto[13]. In totale sono diciotto stelle.

## Note di chiusura

1. Vedi H. Rogers, *Origins of the ancient constellations: I. The Meso-potamian traditions*.

2. Vedi Eratostene, *Epitome dei catasterismi*, (a cura di) A. Santoni, ETS, Pisa 2009, p. 101.

3. Vedi C. Flammarion, *Le stelle e le curiosità del Cielo*, Sonzogno, Milano 1904, p. 173.

4. Stelle che ora appartengono al cavallino γ, δ, di magnitudine 2-3.

5. Stella θ Baham, oppure *Sa'd al Bahāim* di Al Sufi [la Buona fortuna delle Due Bestie], assieme alla stella ζ, sono entrambe di magnitudine 3.

6. La stella ε Enif deriva dall'arabo *Al Anf* [il Naso]: denominazione dovuta ovviamente alla posizione della stella nelle antiche raffigurazioni della costellazione, di magnitudine 3-2.

7. La stella ε Enif, il cui termine deriva dall'arabo *Al Anf* [il Naso]. L'altra è la stella α del Cavallino.

8. La stella ζ Homan. Il nome appare per la prima volta nel Catalogo di Palermo: Piazzi potrebbe averne coniato il nome dall'arabo *Sa'd al Humām* [la Stella Fortunata dell'Eroe], designazione di un asterismo in cui Ulugh Begh includeva la ξ Peg, di magnitudine 3. Le stelle ξ, ρ, σ sono di magnitudine 5.

9. Cfr. Germanico, *Phaenomena et cervix sine honore obscuro lumine sordet*, (a cura di) F. Feraco, Patron editore 2022, v. 211.

10. Stella α Markab, che deriva da *Mankib al faras* [la Spalla del Cavallo]. La stella indica l'angolo sudovest del Grande Quadrato di Pegaso, l'inconfondibile asterismo che rappresenta il Corpo del Cavallo Alato. Il nome *Markab* (Flamsteed riporta *Marchab*) è il termine arabo che indica una sella o un mezzo di trasporto. Ma a questa stella sono stati attribuiti altri nomi: *Matn al Faras* [il Garrese del Cavallo]; e Bayer la chiama *Yed Alpheras* [la Zampa del Cavallo]; Kazwini la conosceva, insieme alla β, come *Al Arkuwah* [il Braccio della Croce]. Allen riporta che secondo studi di Brown Markab, con γ e ζ, formava l'asterismo mesopotamico Lik-bar-ra (o Ur-bar-ra) [la Iena]. La stella β Sheat, nome che deriva dall'arabo *Al-sāq* [la Tibia], è oggi universalmente accettato.

Scheat viene adoperato da Tycho e successivamente da Piazzi nel Catalogo di Palermo; Bayer la chiama Seat Alpheras, Riccioli Scheat Alpheraz. Queste versioni potrebbero derivare dall'arabo *Al Sa'id* [la Parte alta della Zampa]. La stella γ Algenib contrassegna la punta estrema delle Ali del Cavallo Alato, motivo in più per dedurre la derivazione del nome Algenib dall'arabo *Al Janah* [l'Ala]. Ma potrebbe derivare anche da *Al Janb* [il Fianco]. Insieme alle stelle Caph (β Cas) e Alpheratz (α And), Algenib costituisce il gruppo delle Tre Guide, che servono per stabilire la posizione della linea dell'ora zero di ascensione retta.

11. Stella α Andromeda, Tolomeo la chiama: «*quae in umblico est et communis cum capite Andromedae*». È di magnitudine 2-3.

12. Stella ι, e la stella η Matar, Kunitzsch ritiene che deriva *Al Sa'd al Matar* [la Pioggia fortunata], di magnitudine 3.

13. Stelle κ, π, di magnitudine 3-4.

Cefeo raffigurato a Casa Provenzali.

# COSTELLAZIONE DI CEFEO

È una grande costellazione estesa e circumpolare che si trova tra il Polo e la Via Lattea. Cefeo fu il re d'Etiopia, marito di Cassiopea e padre di Andromeda. Le rappresentazioni antiche lo mostrano con la testa all'ingiù coperta da un turbante e la corona nella posizione occupata dalle stelle μ, ζ; nella mano destra ha un mantello (stelle η, θ) e nella sinistra uno scettro. Il piede destro poggia

Xilografia tratta dal *Poeticon Astronomicon* di Igino del 1482.

sui posteriori dell'Orsa Minore e quello sinistro arriva quasi all'estremità della Coda, vicino alla Polare.

Gli Arabi lo indicarono con il nome *Al-Multahib* [il Fiammeggiante]. Il mito che accompagna Cefeo ad altre costellazioni appare nel Libro IV delle *Mefamorfosi* di Ovidio. La moglie Cassiopea si riteneva più bella delle Nereidi e queste, adirate, si rivolsero a Nettuno per punire la regina presuntuosa. Nettuno mandò un mostro marino, la Balena, a devastare le coste del paese. Per scongiurare il flagello Cefeo dovette sacrificare al mostro la figlia incatenandola a uno scoglio.

Fortunatamente passava di là Perseo, forse sul cavallo alato Pegaso, che portava con sé la testa della Medusa (la stella Algol), che egli aveva ucciso. Con questa pietrificò il mostro e liberò la sventurata Andromeda, che divenne sua sposa.

Appare subito evidente che nel ciclo mitologico di Andromeda manca un personaggio chiave, la Balena. Ma l'errore è solo apparente perché viene correttamente collocata dall'artista, o meglio dall'ideatore del ciclo astronomico, sotto la fascia dello zodiaco (essendo la Balena una costellazione australe) mantenendo rigorosamente una disposizione della costellazione fedele alla latitudine celeste, occupando il terzultimo cassettone prima del Pesce Australe. Chi sia l'ideatore del ciclo astronomico non ne abbiamo idea poiché non ci sono rimasti documenti o contratti stipulati dai Provenzali con le maestranze. Possiamo solo formulare le ipotesi più plausibili attinenti al periodo storico in cui il manufatto è stato presumibilmente realizzato, poiché la data certa di realizzazione del soffitto ligneo è tuttora ignota. È certo che Luca Gaurico (1475-1558), lettore di astronomia all'università di Bologna, era molto attivo nella prima metà del Cinquecento; a lui si deve la stesura dell'oroscopo di papa Paolo III e di altri notevoli pronostici, tra cui la caduta del signore di Bologna Giovanni II Bentivoglio per mano di papa Giulio II. Il Bentivoglio non gradì il pronostico fatto da Gaurico e lo fece incarcerare e torturare, per poi mandarlo in esilio. Esiliato da Bentivoglio, Gaurico si recò a Ferrara dove nel 1507 ottenne la cattedra di Astrologia, succedendo a Pietro Bono Avogario. Il 18 ottobre 1507[1] a Ferrara compose una famosa orazione a favore dei sostenitori dell'astrologia, edita poi con il titolo di *Oratio de inventoribus et astrologiae laudibus habita in Ferrariensi academia*. Il discorso si apriva con la definizione di *astrologia* e la divisione in categorie; successivamente Gaurico replicò ai denigratori dell'arte astrologica citando gli antichi scrittori latini, come Manilio, ed elencò tutti gli astrologi medievali e suoi contemporanei tra cui Pietro d'Abano, Alberto Magno, Guido Bonatti, Giovanni Bianchini, Michele Scoto. L'orazione si concludeva con un'apologia della magia e una difesa dell'uso delle immagini astrologiche[2]. Oltre che di Manilio, sicuramente Gaurico è anche a conoscenza del *Poeticon* di Igino perché il testo faceva parte dell'insegnamento nel quadrivio delle arti liberali.

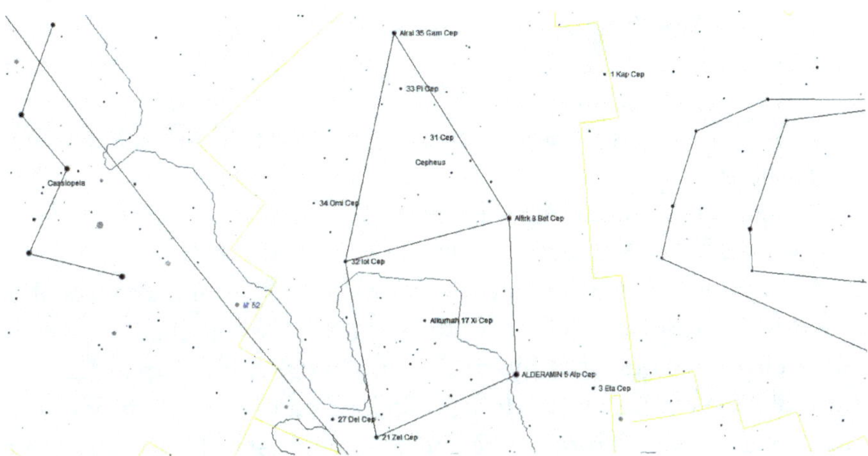

Mappa stellare della costellazione di Cefeo.

La costellazione di Cefeo nel soffitto ligneo si è ottimamente conservata e solo una stella che era posta sulla vita di Cefeo, in prossimità della spada, è andata perduta.

La posizione delle stelle della costellazione di Cefeo che Igino dà nella *Poetica* è esattamente rappresentata nell'iconografia di Cefeo nel soffitto ligneo:

Il suo corpo sembra tramontare quando sorge lo Scorpione mentre sorge insieme al Sagittario. Ha due stelle sul capo[3], una sulla mano destra[4], una poco luminosa sul gomito[5], una stella sulla mano e sulla spalla sinistra[6], una sulla spalla destra[7]. Sulla cintura, che divide il suo corpo a metà, appaiono tre stelle luminose[8], sul fianco destro ce n'é una poco brillante, sul ginocchio sinistro due[9], una su ciascun piede[10], quattro stelle al di sopra dei piedi. In totale diciannove stelle.

*Note di chiusura*


1. Vedi C. Vasori, *La difesa dell'astrologia Luca Gaurico*, lettere italiane Vol. 40, n° 3.

2. Vedi F. Bonoli, D. Piliarvu, *I lettori di astronomia presso lo studio di Bologna dal XII al XX secolo*, p. 131, Clueb editore 2001.

3. La δ Cephi è una delle stelle variabili più importanti e conosciute, essendo il prototipo delle cefeidi, importantissima classe di variabili a corto periodo le cui variazioni nello splendore dipendono da periodiche e regolari pulsazioni. Le cefeidi sono stelle di importanza incalcolabile data la loro utilità come "candele standard", cioè come misuratori delle distanze intergalattiche. La δ Cephei fu la prima stella di questa famiglia a essere scoperta: da John Goodricke, nel 1784. La stella ζ che l'astronomo persiano del XIII secolo Zakariyya al-Qazwini chiamò *Al Ḳurḥah*, una parola araba che Ludwig Ideler, astronomo tedesco del XIX secolo, tradusse come Macchia bianca, o Fiammata sulla Faccia del Cavallo.

4. Stella η, di magnitudine 4.

5. Stella θ, di magnitudine 4.

6. Stelle ι sulla spalla e stella o sulla mano, di magnitudine 3-4.

7. Stella α Alderamin, cioè la Spalla destra, in origine era *Al Dhira al Yamin* [il Braccio destro], di magnitudine 3.

8. Stella β Alfirk, di difficile interpretazione: per Kunitzsch se si accetta la vocalizzazione *Al-firk* allora è il Gregge di Pecore. Derivato dalle espressioni preislamiche *Koukabā al-firk* con cui si indicavano la α e β Cep, e *Kawākib al-firk* che indicavano la α, β e η Cep, i termini *Koukabā* e *Kawākib* significano rispettivamente Due Stelle e Stelle. Secondo Allen è invece senz'altro una degenerazione del nome arabo per l'intera costellazione. Questa infatti fu trascritta inizialmente come Kifaus e si trasformò via via in Fikaus, poi Ficares; la sua designazione in Persia era Phicarus, di magnitudine 3. Le stelle 11 e 24 di magnitudine 5.

9. Stelle π, 31.

10. La stella γ è nota con il nome arabo *Alrai* [il Pastore], forse per questo qualcuno ha voluto tradurre Alfirk con gregge. Tolomeo nell'*Almagesto* la identifica come: «*quae in pede sinistro est*», di magnitudine 4, e la stella κ «*quae in pede dextro est*», di magnitudine 4.

Cassiopea raffigurata a Casa Provenzali.

# COSTELLAZIONE DI CASSIOPEA

In questa zona del cielo i Babilonesi vi raffiguravano un Cavallo chiamato ANSHE. KUR.RA[1] [*Sishu*, l'Uccello della tempesta[2]] formato dalle stelle α, β, γ, δ Cas e forse da una parte di stelle facenti parte della costellazione di Pegaso, della Lacerta e del Cavallino.

È una costellazione abbastanza nota perché è facilmente riconoscibile dalla disposizione a W (o M a seconda dell'orientazione) di cinque delle sue stelle

Xilografia tratta dal *Poeticon Astronomicon* di Igino del 1482.

più luminose, di seconda e terza magnitudine; il gruppo si trova quasi esattamente opposto rispetto alla Stella Polare, alle stelle del Carro Maggiore.

In realtà, come si può subito rilevare dalla cartina, la costellazione si estende assai più attorno a questa configurazione principale, in modo particolare verso nordest. Si noterà altresì come si estenda per gran parte lungo la Via Lattea, eccettuata proprio la predetta zona di nordest.

In Cassiopea apparve la famosa Stella Nuova del 1572, osservata da Tycho Brahe e riportata dal Bayer nel suo *Atlante* del 1603; è la più luminosa nova osservata da allora, anzi è una delle quattro supernove osservate nella nostra galassia.

Superò in brillantezza persino Venere: vista forse prima da altri, il giorno 11 novembre di quell'anno fu notata da Ticone[3]; splendette in cielo per circa due settimane e quindi iniziò una lenta discesa cambiando via via di colore dal vivido bianco sino al rossastro, per sparire alla vista dopo circa sedici mesi.

Le stelle principali dovrebbero delineare il corpo della regina Cassiopea seduta sul trono.

Eudosso e i Greci la chiamavano *Cassiepea*; il nome odierno è di origine latina e lo si trova nel Libro IV delle *Metamorfosi* di Ovidio.

Lì è narrata la sua storia legata, come s'è già detto parlando della costellazione di Cefeo, al re di cui era sposa, alla figlia Andromeda, a Perseo con il suo cavallo alato Pegaso e al mostro marino della Balena cui la povera Andromeda era stata offerta in sacrificio.

Cassiopea osò un giorno affermare di essere più bella delle Nereidi (secondo Igino Cassiopea affermò essere la figlia più bella delle Nereidi[4]): le ninfe si rivolsero allora al loro padre Nettuno per ottenere soddisfazione e questi pensò di inviare un mostro marino a devastare le coste del regno.

È a quel punto che Cefeo incatenò la figlia su uno scoglio per sacrificarla al mostro. Ma di ritorno dalla sua spedizione contro Medusa arrivò Perseo sui suoi calzari alati, in tempo per liberare Andromeda.

I Romani rappresentavano Cassiopea su un trono ma incatenata a esso a causa della sua vanagloria e posta a ruotare nel cielo a testa in giù, posizione che secondo Igino deve alla sua empietà[5].

In tutte le raffigurazioni successive di Cassiopea, specie negli atlanti stellari dal Seicento in poi, Cassiopea non è mai raffigurata incatenata.

Invece nella Casa Provenzali ha una postura simile a quella della figlia Andromeda (che secondo tradizione dovrebbe essere incatenata alla roccia), che nel soffitto ligneo è rappresentata in piedi e legata a due alberi.

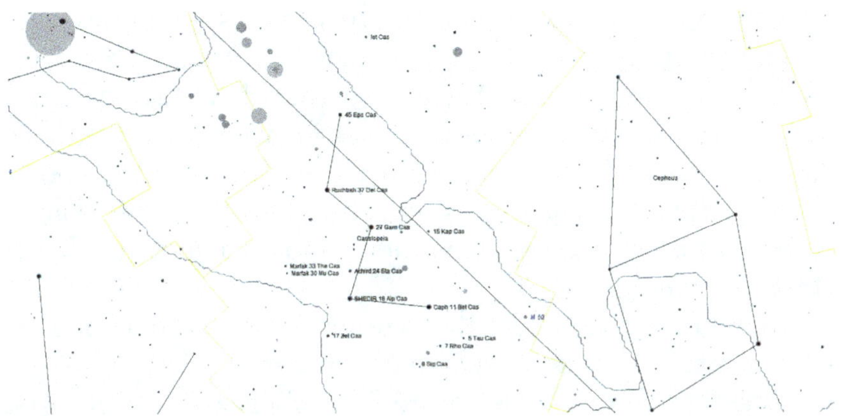

Mappa stellare della costellazione di Cassiopea.

Anche la madre Cassiopea nel soffitto astronomico è rappresentata assisa in trono con entrambe le mani legata a due alberi o due arbusti, conformemente all'immagine della xilografia del 1482.

L'immagine di Cassiopea, come quella della figlia Andromeda che le sta accanto, si trova in uno stato di conservazione non buono essendo per entrambe deturpata la parte inferiore del corpo.

Le cause del deterioramento sono dovute a delle infiltrazioni di acqua piovana dal camino posto tra le due rappresentazioni. In concomitanza alla costruzione del controsoffitto e della divisione della sala – avvenuta presumibilmente a fine Ottocento o inizio Novecento – è stata ricavata una botola vicino alla cappa del camino per rendere ispezionabile dal sottotetto la porzione di edificio rimasta occultata.

In quella occasione alcuni elementi del soffitto sono stati spostati, tagliati o rimossi.

Tre assi deteriorate non rispettavano l'ordine originario e una di esse era palesemente rimontata a rovescio. Escludendo che l'errata collocazione sia avvenuta durante l'ultimo intervento, lo stato di fatto potrebbe essere in relazione alla riscoperta del ciclo pittorico.

Il loro corretto riposizionamento ha permesso di individuare tutte le quarantotto costellazioni tolemaiche. Una possibile spiegazione di questo atipico posizionamento delle tavole deriva secondo i restauratori dal fatto che sir Denis Mahon, studioso del Guercino, si era recato nel 1936 a Casa Provenzali per poter visionare il sottotetto dove sono gli affreschi raffiguranti le gesta di Provenco e per accedervi avevano rimosso alcune tavole del soffitto originale.

In una pubblicazione del 1966 curata del Comitato comunale per la celebrazione del terzo centenario della morte del pittore centese, il cui presidente era l'avvocato Pietro Benazzi, si legge: «per osservarli da vicino, il Mahon rimosse le tavole del soffitto originale introducendosi nello stretto spazio tra i due ripiani e al lume di una torcia poté constatare che gli affreschi esistevano ancora, seppur gravemente danneggiati»[6].

Eratostene nei *Catasterismi* elenca quattordici stelle costituenti la costellazione di Cassiopea, in particolar modo ne dà questa disposizione:

> Ha le seguenti stelle: sulla testa una luminosa; su ciascuna spalla una luminosa; sul seno destro una luminosa; sul gomito destro una poco luminosa, sulla mano una, sul fianco una grande luminosa, due luminose sulla coscia sinistra; sul ginocchio una luminosa; sulla base del trono sul quale sta seduta; una a ciascun angolo. In tutto quattordici[7].

Eratostene localizza una stella sulla mano di Cassiopea, stella che nel *Poeticon* non è presente.

Igino ne elenca tredici, descrivendo la disposizione delle stelle in Cassiopea in questo modo:

> Tramonta nel momento in cui sorge lo Scorpione, e la si vede ruotare a testa in giù insieme al suo seggio; sorge insieme al Sagittario. Sul suo capo si mostra una stella[8], una su ciascuna spalla[9]; una luminosa sulla mammella destra[10]; una grande sulle reni[11]; due sulla coscia sinistra[12];

una sul ginocchio[13]; una sul piede destro[14]. Nel quadrato che costituisce il suo trono c'è una stella, luminosa più delle altre, su ogni angolo[15]. In totale dunque tredici stelle.

Nei *Catasterismi* Eratostene pone una stella sul gomito destro e una sulla mano, nel soffitto è invece rappresentata una stella nel gomito sinistro e nessuna stella sulla mano.

*Note di chiusura*

1. Vedi H. Rogers, *Origins of the ancient constellations: I. The Mesopotamian traditions*.

2. Vedi A. Florisone, *Astres et constellations des Babyloniens*, 1951, p. 160.

3. Cronaca della scoperta della stella Nova in Cassiopea, descritta da Ticone riportata negli Annali scientifici Scienze-Fisiche-Matematiche, Buondonno: «Io aveva presa l'abitudine di restare nel mio laboratorio chimico, sino al sopraggiugnere della notte. Uscito fuori all'aria aperta, ed alzando gli occhi secondo il solito alla volta celeste, a me tanto nota, vidi con indicibile stupore vicino al zenit, in Cassiopea, una stella radiante d'una grandezza straordinaria. In quel momento di sorpresa non sapeva credere ai miei proprii occhi. Per convincermi che non era una illusione, e per raccogliere la testimonianza di altre persone, chiamai i miei operai dal laboratorio, e tutti coloro che passavano, richiedendoli se vedevano, come me, la stella allora allora apparsa. Seppi di poi che in Germania i vetturali ed altri del popolo se n'erano avveduti anche prima, e ne avevano dato avviso agli astronomi. La nuova stella non aveva veruna coda; niuna nebulosità la cingeva; e somigliava in tutto ad ogni altra stella, tranne che scintillava più forte di ogni altra di 1° grandezza. Il suo fulgore superava quello di Sirio, della Lira e di Giove. Non poteva esser comparato che a quello di Venere, quando è più vicina alla Terra». Napoli 1857, p. 51.

4. Vedi (a cura di) G. Guidorizzi, *Miti*, Adelphi, Milano 2000, p. 46.

5. Cfr. Igino, *Poeticon Astronomicon*, Libro II, «*Quae propter impietatem, vertere se mundo, resupinato capite ferri videtur*», paragrafo *De Cassiopeia*.

6. Dalla relazione di Licia Tasini.

7. Vedi Eratostene, *Epitome dei catasterismi*, (a cura di) A. Santoni, ETS, Pisa 2009, p. 97.

8. Stella ζ, definita da Tolomeo: «*quae in capite*», di magnitudine 4-3.

9. Le Stelle θ, μ. Gli Arabi la chiamano *Al Marfiḳ* [il Gomito], di magnitudine 4. È la Stella σ, «*quae in brachio dextro*», di magnitudine 6.

10. La stella α Schedir, Schedar nelle *Tavole Alfonsine*, Schedir per Hevelius o Shadar [Seno]. Il nome deriva dall'adattamento in arabo di

questa stella, *Al Sadr*, come il Seno o il Petto di Cassiopea in riferimento alla sua posizione nel catalogo stellare incluso nell'*Almagesto* di Tolomeo: «*quae in pectore*», di magnitudine 3.

11. La γ è la stella centrale del noto asterismo a W di Cassiopea. Non ha un nome proprio nella nostra tradizione, mentre per i Cinesi era *Tsih* [la Frusta], di magnitudine 3-2.

12. La stella δ Ruchbah, che Kunitzsch ritiene derivi dall'arabo *Rukbat dhāt al kursīy* [il Ginocchio della Signora della Sedia] contrassegna l'angolo sudorientale della grande W di Cassiopea, definita da Tolomeo «*quae in genibus*». Il nome deriva dalla posizione nell'antica figura della costellazione, in cui contrassegnava il ginocchio della mitica regina d'Etiopia, di magnitudine 3. E la stella φ, di magnitudine 5.

13. Stella ε, «*quae in tibia*», di magnitudine 4.

14. Stella ι, «*quae in extremitate pedis*», di magnitudine 4.

15. La stella β Caph deriva da *Al kaff al khadīb* [la Mano colorata, o secondo un'altra interpretazione la Mano protesa delle Pleiadi], di magnitudine 3. Allen però sostiene che è un nome derivato da quello arabo per l'intera costellazione. Le stelle κ, ρ, τ, di magnitudine 5-6.

Andromeda raffigurata a Casa Provenzali.

# Costellazione di Andromeda

In questa zona del cielo i Babilonesi vi raffiguravano – con stelle facenti parte sia dell'attuale costellazione di Andromeda (β And. o forse α Cas. e forse le stelle 18, 31, 32 And.), sia con stelle facenti parte della costellazione di Cassiopea – un cervo chiamato KA.MUSH.I.KU.E[1].

Xilografia tratta dal *Poeticon Astronomicon* di Igino del 1482.

È una grande costellazione riconoscibile a sud dello zig-zag delle stelle di Cassiopea per un allineamento di stelle: α, δ, β, γ, tutte tranne la δ di seconda grandezza. Ma forse il modo migliore per individuare l'allineamento è partire dal ben riconoscibile quadrato di Pegaso: il vertice nordorientale è proprio la α di Andromeda, che spesso nel passato veniva chiamata la δ di Pegaso (che oggi manca in questa costellazione). Tale stella avrebbe il nome di Alpheratz, che significherebbe la Spalla del Cavallo, ma si cita anche il nome Sirrah [l'Ombelico]. Ancora una volta dunque i nomi ricordano l'antica appartenenza a Pegaso.

Andromeda era figlia di Cefeo re d'Etiopia e di Cassiopea. Sua madre sosteneva di essere più bella di tutte le Nereidi; gelose, le Nereidi avevano chiesto a Poseidone di vendicare l'insulto. Poseidone inviò, per compiacerle, un mostro che devastò il paese di Cefeo. Interrogato dal re l'oracolo d'Ammone predisse che l'Etiopia sarebbe stata liberata da quel flagello se la figlia di Cassiopea fosse stata esposta come vittima espiatoria. Perseo al ritorno dalla spedizione contro Gorgone la vide, se ne innamorò e promise di liberarla se il re avesse acconsentito a dargliela in moglie. Andromeda era però promessa sposa ad Agenore fratello di Cefeo, che era lo zio di Andromeda, il quale spesso viene chiamato anche Fineo come fa Apollodoro. Allora Cefeo e Agenore cospirarono pensando di uccidere Perseo, il quale venuto a conoscenza del complotto estrasse la testa della Medusa e i partigiani di Fineo presenti nella grande sala del palazzo di Cefeo furono mutati in pietra.

Nel soffitto ligneo di Casa Provenzali i cassettoni che contengono le due costellazioni di Andromeda e Cassiopea sono stati fortemente deturpati a causa d'infiltrazioni di acqua piovana nel sottotetto che hanno danneggiato irrimediabilmente la parte sottostante delle due immagini. Durante i lavori di restauro si è scoperto che la tavola contenente le raffigurazioni era stata capovolta; forse fu quando Mahon si recò a Casa Provenzali per visionare gli affreschi del Guercino rimasti intrappolati tra il controsoffitto e il soffitto astronomico. La posizione occupata da Andromeda, tra il padre Cefeo e la madre Cassiopea, è alquanto insolita essendo sempre raffigurata vicino a Perseo, ma le astrotesie presenti che fortunatamente si sono conservate la indicano chiaramente come la figlia di Cefeo. Le due stelle poste nelle mani e sui piedi di Andromeda la identificano chiaramente, mentre la madre Cassiopea non ha stelle poste nelle mani. La descrizione che Igino dà nel *Poeticon* della costellazione di Andromeda è esauriente:

Tramonta insieme al secondo dei due Pesci, quello che si trova sotto il braccio di Andromeda, come detto sopra, al sorgere della Bilancia e dello Scorpione, e tocca l'orizzonte prima con la testa che con il resto del corpo. Sorge con i Pesci e l'Ariete. Ha sul capo una stella molto luminosa[2], una su ogni spalla[3], una sul gomito destro[4], sulla stessa mano una[5], una sul gomito sinistro[6], una sul braccio[7], una sull'altra mano[8], tre sulla cintura[9], quattro sopra la cintura[10], una su ogni ginocchio[11] e due sui piedi[12]. In totale venti stelle.

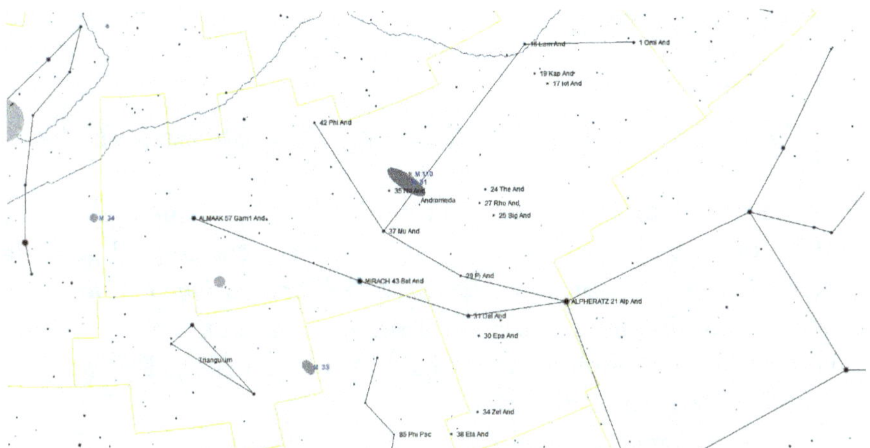

Mappa stellare della costellazione di Andromeda.

Anche nel soffitto ligneo Andromeda è rappresentata come la madre Cassiopea legata a due alberi e non incatenata alle rocce.

Nei *Catasterismi* di Eratostene si può notare un particolare interessante sulla disposizione delle stelle nella costellazione di Andromeda: «Ha le seguenti stelle: una luminosa sulla testa, una su ciascuna spalla, una sul gomito destro, una luminosa sulla punta della mano, sul gomito sinistro, una sul remo, sulla punta della mano due brillanti, tre alla cintura, quattro al di sopra della cintura, su ciascun ginocchio una luminosa»[13]. Eratostene indica una stella sul remo; Pàmias[14] propone l'iconografia di Andromeda incatenata non a una roccia ma a due remi.

*Note di chiusura*

1. Vedi H. Rogers, *Origins of the ancient constellations: I. The Mesopotamian traditions*.

2. La stella α di Andromeda, che nel passato venne anche chiamata la delta di Pegaso, che oggi manca in questa costellazione. Tale stella avrebbe il nome di Alpheratz, che deriva dall'arabo *Mankib Al faras* [la Spalla del cavallo], ma si cita anche il nome Sirrah [l'Ombelico]; ancora una volta dunque i nomi ricordano l'antica appartenenza a Pegaso.

3. Stelle ε, σ, di magnitudine 4.

4. Stella θ, di magnitudine 4.

5. Stelle ι, κ, λ, o, di magnitudine 4.

6. Stella η, di magnitudine 4.

7. Stella ζ, di magnitudine 4.

8. Forse la stella φ pesci.

9. La stella β, il cui nome e Mirach [il Grembiule], descritta nell'edizione delle *Tavole Alfonsine* del 1521 come *Super Mirat*, da cui pare derivi l'attuale nome che occasionalmente viene riportato anche come Mirac, Merach, Mirar, Mirath, Mirax etc. Mirat probabilmente deriva a sua volta dalla descrizione che ne dà la versione latina dell'*Almagesto* del 1515: Super Mizar, che viene dall'arabo *Mi'zar* [cintura, o corpetto], di magnitudine 3. Le stelle μ, ν, di magnitudine 4.

10. Stelle δ, π, ρ, di magnitudine rispettivamente 3-4-5 e una quarta di identificazione incerta.

11. Stelle a destra φ, a sinistra τ oppure υ, di magnitudine 3-4.

12. La stella γ Almach, o Alamach, secondo Kunitzsch deriva dalla cultura preislamica. *'Anāq al-ard* è "il Caracal", che è un animaletto, una lince africana. Il fatto che non si veda alcuna analogia tra tale animale e il personaggio di Andromeda fa pensare che il nome derivi da una tradizione araba molto antica. Indica il piede sinistro di Andromeda nell'*Almagesto*: «*quae supra pedem sinistrum*», ed è allineata con Mirach e Alpheratz, tutte e tre sono stelle di seconda magnitudine, di luminosità simile anche se di colore diverso. Alla sua posizione relativa

alla figura di Andromeda si riferisce un'altra designazione araba: *Al Rijl al Musalsalah* [il Piede della Donna], nel piede sinistro, di magnitudine 3. Riccioli nell'*Almagestum Novum* la chiama Alamak. Sono le stelle 51, 54 in quello destro.

13. Vedi Eratostene, *Epitome dei catasterismi*, (a cura di) A. Santoni, ETS, Pisa 2009, p. 99.

14. Vedi *Ibidem*, p. 200.

Perseo raffigurato a Casa Provenzali.

# Costellazione di Perseo

Nella sfera babilonese questa costellazione era conosciuta con il nome SHU.GI[1] [Uomo anziano] e associata a Enmesharra, un dio del mondo sotterraneo antenato di Enlil.

È una costellazione prevalentemente autunnale caratterizzata dalla sua stella più brillante, la α, nota come Mirfak, nome che deriva da *Mirfaq al-thurayy*ā [il Gomito delle Pleiadi]; ma si riportano anche i nomi di Marfak, Alchenib o Algenib, derivato dal termine arabo *Al-janb*

Xilografia tratta dal *Poeticon Astronomicon* di Igino del 1482.

[il Lato, o il Fianco], quest'ultimo termine attribuito anche alla γ del Perseo e alla γ di Pegaso. Perseo è localizzato a ovest di Capella (Valla dell'Auriga) e a nord delle Pleiadi. Dalla stella α si dipartono tre bracci di stelle: l'uno verso sud-sudest attraverso le stelle δ, ε punta verso le sottostanti Pleiadi; il secondo verso sudovest congiunge la stella α con la β Algol e termina in un gruppo di stelle più debole. Il terzo punta invece verso nordest attraverso la γ e la η, dall'indicazione per trovare il famoso doppio ammasso stellare h e χ (NGC 869 e NGC 884). Il termine per la stella Algol deriva dall'arabo *Alghul* [il Mostro, o il Diavolo] e su parecchie carte Perseo viene indicato come il *portatore della testa del diavolo*.

Dato che questa stella mostra una spiccata variabilità nella sua luminosità, incuteva un certo timore nell'uomo medievale.

La sua variabilità fu scoperta da Geminiano Montanari[2] nel 1670, ma la periodicità delle sue variazioni di luminosità fu riconosciuta solo dopo oltre un secolo dall'astronomo dilettante John Goodricke.

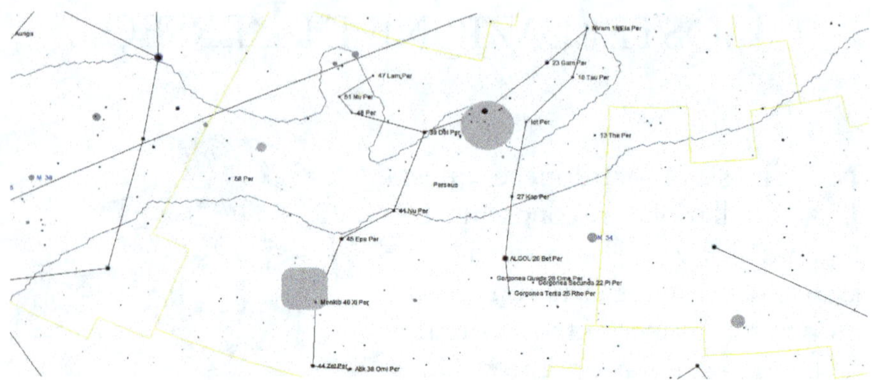

Mappa stellare della costellazione di Perseo.

Nella mitologia greca Perseo è figlio di Danae e di Giove, mutatosi in una pioggia d'oro per giacere con lei. Mandato a uccidere le Gorgoni da Polidette, Perseo ebbe da Mercurio, che pare fosse il suo amante, calzari alati e un elmo alato che rendeva invisibili ai nemici (particolari ben visibili nel Perseo raffigurato nel soffitto ligneo). Perseo uccise Medusa, l'unica delle tre Gorgoni a essere mortale, e ne conservò la testa in una bisaccia. Nel soffitto ligneo di Casa Provenzali la costellazione di Perseo è situata subito dopo Cassiopea e come le altre due rappresentazioni vicine ha subito notevoli danni dovuti alle infiltrazioni di acqua piovana dal sottotetto. Il fatto interessante, esaminando la *Poetica* di Igino, è che né la testa, né il falcetto di Perseo hanno stelle, come effettivamente si ravvisa nel soffitto. Igino descrive così le stelle di Perseo:

Tramonta al sorgere del Sagittario e del Capricorno, inclinato nella direzione della testa; sorge verticalmente insieme all'Ariete e al Toro. Ha una stella su ciascuna spalla[3], un'altra brilla di viva luce nella mano destra[4], nella quale si dice che tenga un falcetto, l'arma con cui uccise la Gorgone; mentre ha una seconda stella nella mano sinistra, con la quale, si dice, tiene la testa della Gorgone[5]. Ha poi una stella sul ventre[6], un'altra sulle reni[7], una sulla coscia destra[8], una sul ginocchio[9], una sulla gamba[10], una opaca sul piede[11], una sulla coscia sinistra[12] e un'altra ancora sul ginocchio[13], due sulla gamba[14]. Nella mano sinistra ha quattro stelle dette Testa della Gorgone[15]. In tutto fa diciasette stelle. La sua testa e il falcetto non hanno stelle.

## *Note di chiusura*

1. Vedi H. Rogers, *Origins of the ancient constellations: I. The Mesopotamian traditions*.

2. Vedi G. Montanari, *Sopra la sparizione d'alcune stelle et altre novità celesti*, in: *Prose de Signori Accademici Gelati di Bologna*, Bologna, 1671, pp. 369-392.

3. A destra la stella γ, che in alcune mappe stellari viene chiamata Algenib, il che potrebbe ingenerare confusione con α Persei (per cui viene però oggi usato piuttosto il nome Mirfak) e con γ Pegasi, di magnitudine 3-4. La stella θ «*quae in humero sinistro*» è a sinistra, di magnitudine 4.

4. Stella η, «*quae in dextro cubito*», di magnitudine 4.

5. Stella κ, «*quae in cubito sinistro*», di magnitudine 4.

6. Stella α nota come Mirfak, deriva dall'arabo *Marfik al Thurayyā* [il Gomito, o il Gomito dal lato delle Pleiadi (per distinguerlo dall'altro gomito)]; ma si riportano anche i nomi di Marfak, Alchenib o Algenib, quest'ultimo attribuito anche alla gamma del Perseo e alla gamma di Pegaso, di magnitudine 2.

7. Stella δ, di magnitudine 3.

8. Stella λ, di magnitudine 4.

9. Stella μ, di magnitudine 4.

10. Stella 48c.

11. Stella 58e.

12. Stella ν, di magnitudine 4-3.

13. Stella ε, di magnitudine 3.

14. La stella ζ, «*quae istam sequitur et est in extremitate pedis sinitri*». E la stella ξ Menkib, che deriva dall'arabo *Mankib al-thurayyā* [la Spalla delle Pleiadi]. A causa della sua localizzazione all'interno della costellazione Tolomeo la definisce: «*quae in tibia sinistra*», di magnitudine 4.

15. Stella β Algol, il Demonio, o meglio dall'arabo *R'as-al-Ghūl* [la Testa del Demonio], perché qui Tolomeo aveva posizionato la testa della Medusa, di magnitudine 2. Sono le stelle π, ρ, ω, di magnitudine 4.

Il Triangolo raffigurato a Casa Provenzali.

# Costellazione del Triangolo

I Babilonesi chimavano questa costellazione unita a γ And GISH. APIN [Aratro[1]] e la stella α Tri, UR.BAR.RA [Lupo][2].

Benché poco importante, risale anch'essa al tempo dei Greci, che la chiamavano δελτωτόν[3] (il *Deltoton*) poiché richiama la forma della lettera delta maiuscola greca (Δ).

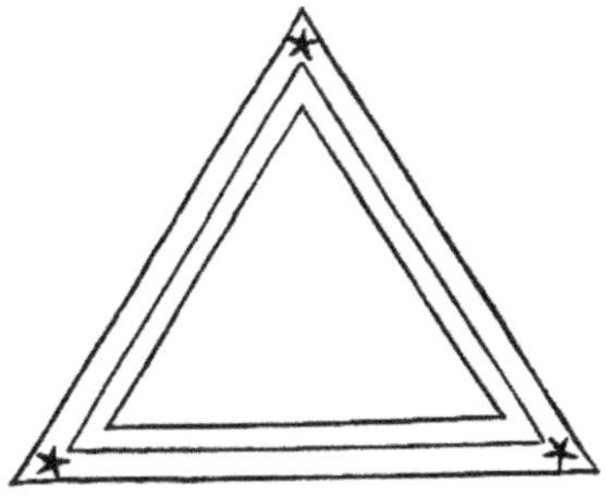

Xilografia tratta dal *Poeticon Astronomicon* di Igino del 1482.

È quindi probabile che siano stati i Greci a dargli questo nome, mentre nell'astronomia babilonese tale costellazione è concepita come un aratro.

I Romani la chiamavano *Trigonum*[4], o un altro termine latino equivalente *Triangiilum*[5].

Gli Arabi la chiamavano *Al-Muthallath*. Tutti vocaboli che si riferiscono alla nota figura geometrica a causa della disposizione delle sue stelle più luminose.

La costellazione del Triangolo viene citata da alcuni scrittori greci che le attribuivano diversi significati; rappresenterebbe l'imponente delta del Nilo, il fiume più lungo del mondo, oppure la Sicilia, regione dalla tipica forma triangolare che le valse il nome di Trinacria.

A Casa Provenzali il cassettone contenente la costellazione del Triangolo si è conservato pressoché integro nel tempo. Nella semplicità delle sue astrotesie, essendo composto di sole tre stelle poste nei vertici del triangolo, spicca la sottile linea interna al triangolo

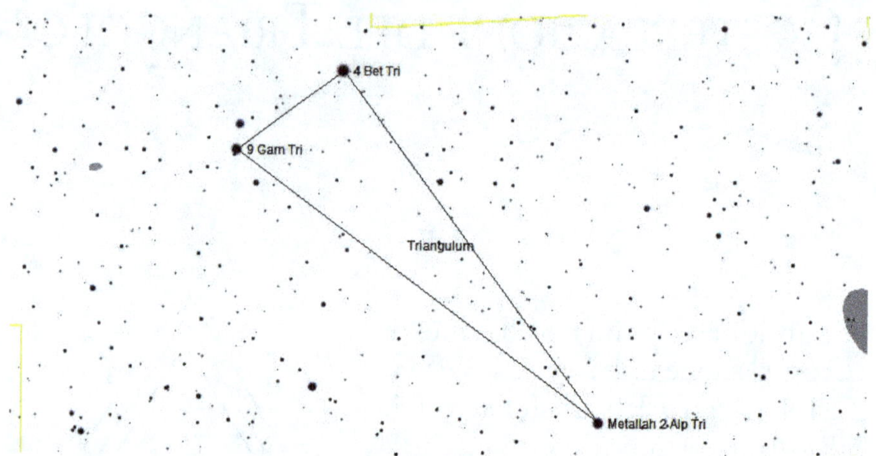


Mappa stellare della costellazione del Triangolo.

che le congiunge divenendo una rappresentazione fedele alla corrispondente xilografia del 1482. La descrizione della costellazione del Triangolo che Igino fornisce nel *Poeticon* è piuttosto sommaria:

> Si trova tra il circolo estivo e quello equinoziale, sopra la testa dell'Ariete, non lontano dalla gamba destra di Andromeda e dalla mano sinistra di Perseo. Tramonta con l'intero Ariete, ma sorge con la parte anteriore del medesimo. Ha una stella per ciascun angolo[6].

*Note di chiusura*

1. Vedi A. Florisone, *Astres et constellations des Babyloniens*, 1951, p. 156.

2. Vedi H. Rogers, *Origins of the ancient constellations: I. The Mesopotamian traditions*.

3. Cfr. Arato, *Fenomeni*, (a cura di) V. Lanzara, Garzanti 2020, v. 235.

4. Vedi Manilio, *Astronomicon*, Libro I, (a cura di) S. Feraboli, E. Flores, R. Scarcia, p. 63, v. 615.

5. Cfr. Igino, *Poeticon Astronomicon*, Libro III, paragrafo *De Deltoto*.

6. La stella α Caput Trianguli è stata tradotta *Rās al Muthalath* dagli astronomi arabi, di magnitudine 3. Le stelle β, γ sono di magnitudine 3.

L'Auriga raffigurato a Casa Provenzali.

# Costellazione dell'Auriga

Xilografia tratta dal *Poeticon Astronomicon* di Igino del 1482.

I Babilonesi la chiamavano GAM[1] (*Gamlum*), che è stato generalmente tradotto come la Spada ricurva, adesso è tradotto con Pastore. È una delle più antiche costellazioni e presso i Greci assunse il nome Ἡνίοχόν[2] (*Heniochus*).

Nel Medioevo è simboleggiata da un uomo che tiene con la mano destra (la stella θ) una frusta ma è privo del cocchio; anche sull'*Atlante Farnese* l'Auriga è sprovvisto di carro. Sul braccio sinistro reca una capra (segnata appunto dalla stella α) e sotto di questa appaiono tre caprette (le stelle ε, η, ζ).

In origine non doveva essere così, sembra che il primo aspetto dell'immagine celeste somigliasse a un carro a due ruote con auriga e redini[3]. Il Carro era disegnato di profilo con le stelle che gli astronomi moderni designano con le lettere β, θ, ι; il timone iniziava dalla stella β Tauri, che Tolomeo e i suoi predecessori consideravano comune al Cocchiere e al Toro[4]; le redini erano indicate dalle stelle ε, ζ, η e infine l'Auriga era simboleggiato dalla stella luminosa α Capella. Questa era senza dubbio la rappresentazione della figura prima di Eudosso che l'immaginazione popolare aveva tratto dall'aspetto naturale della disposizione degli astri. Fu in parte conservato dagli astrologi Teucro il Babilonese e in particolare tra i latini Manilio «*Heniochusque memor currus*»[5].

Forse tale costellazione fu associata alla vita dei campi e al ritorno della primavera, ma c'e chi sostiene che i Greci la chiamavano Erichton, dal nome del re di Atene che si ritiene inventore del carro; d'altra parte la capra è spesso identificata con Amaltea, la nutrice di Giove. Nell'*Almagesto* si ritrova il cocchiere e così pure presso gli Arabi; l'astronomo Al Sufi la chiama *Mumsik-al-ainna* [Colui che tiene le Briglie]. Incidentalmente ricordiamo che a est del pentagono, come si è detto sopra, c'e la Frusta delineata da dieci stelle, le quali ricevettero la lettera *psi* (ψ) seguita dai numeri da uno a dieci. Quasi tutte hanno i numeri corrispondenti di Flamsteed tranne ψ nove, sul bordo con la Lince; inoltre ψ dieci corrisponde alla stella 16 Lincis, pure posta sul confine tra le due costellazioni e oggi rimasta definitivamente nella Lince.

Dall'analisi del mito si traggono spunti interessanti sulla costruzione dell'iconografia corrispondente alla costellazione dell'Auriga.

Citando Igino, così riporta la figura dell'Auriga: «Noi in lingua latina lo chiamiamo Auriga; il suo nome è Erittonio[6], come spiega Eratostene.

Quando Giove lo vide porre quattro cavalli sotto un giogo, primo fra gli esseri umani, rimase ammirato per l'ingegnosità di un uomo che aveva uguagliato le invenzioni del Sole, che fra gli dei era stato il primo a servirsi di una quadriga».

L'altro mito ci conduce ad Amaltea, la nutrice di Zeus bambino che l'allevò segretamente al fine di sottrarlo alle ricerche di Crono, il quale voleva divorarlo. Ora per gli Antichi Amaltea era la capra che allattava il bambino, ora la si considerava una ninfa: quest'ultima era la versione più comune.

Si racconta che Amaltea aveva sospeso il bambino a un albero affinché suo padre non potesse trovarlo «né nel cielo, né sulla Terra, né per mare»[7] e che avesse riunito attorno a lui i Cureti, i cui canti rumorosi e le danze coprivano le grida del bambino.

La stessa capra che l'allattava si chiamava semplicemente Aice [la Capra].

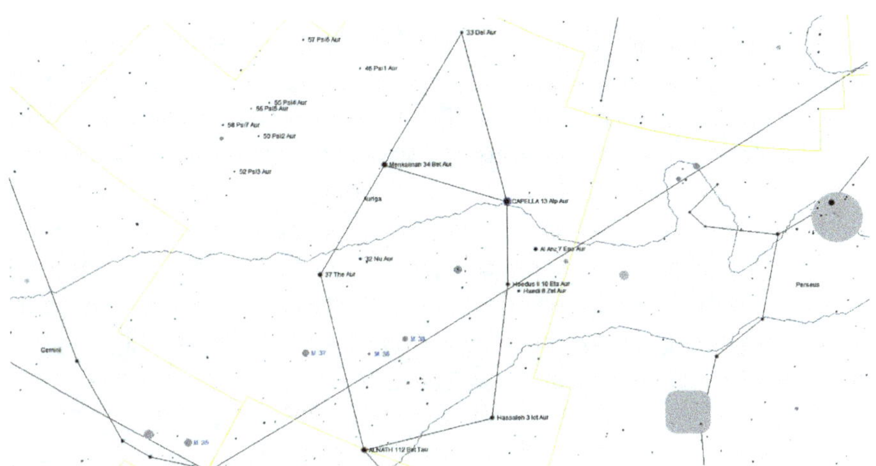

Mappa stellare della costellazione dell'Auriga.

Era una creatura spaventosa che discendeva da Elio e i Titani temevano talmente il suo aspetto che la Terra dietro loro richiesta aveva nascosto l'animale in una caverna delle montagne di Creta. Più tardi quando Zeus lottò contro i Titani si fece un'armatura con la pelle di questa capra, che i Greci chiamano *egida*. Sebbene la costellazione dell'Auriga sul soffitto ligneo sia particolarmente deteriorata, l'immagine rimasta è sufficiente a dimostrare che la sola possibile fonte iconologica è la pubblicazione di Venezia del 1482.

In quest'edizione l'Auriga si trova su di un carro con quattro ruote, ha sulla spalla una capra e sulla mano sinistra i capretti mentre trattiene le redini a cui sono legati due cavalli e due buoi, e la mano destra alzata come è fedelmente raffigurato nel soffitto di Casa Provenzali.

Mentre nell'edizione del *Poeticon* del 1534 l'Auriga ha una rappresentazione che diventerà familiare negli atlanti del primo Seicento e successivamente in quelli pubblicati fino a inizio Ottocento, dove l'Auriga è raffigurato come un giovane con una frusta nella mano destra e una capra sulla spalla sinistra ma è del tutto privo dei capretti nella mano sinistra. Più che altro è privo della biga.

Igino descrive così le stelle dell'Auriga nella *Poetica*:

Nelle mani sembra tenere delle redini. Sulla sua spalla sinistra, si dice, è raffigurata la Capra, nelle braccia tiene due Capretti, con una stella ciascuno.
[…] Tramonta al sorgere del Sagittario e del Capricorno, si leva al tramontare del Serpentario e dell'Inginocchiato. Ha una stella sulla testa[8], una su ciascuna spalla[9], ma quella nella spalla sinistra è più luminosa ed è chiamata Capra[10]. In ciascun gomito ha una stella[11], nella mano due, dette Capretti[12], pressoché evanescenti. In totale sette.

*Note di chiusura*

1. Vedi H. Rogers, *Origins of the ancient constellations: I. The Mesopotamian traditions.*
2. Cfr. Arato, *Fenomeni*, (a cura di) V. Lanzara, Garzanti 2020, v. 156.
3. Cfr. F. Boll, *Sphaera*, Lipsia 1903, p. 108.
4. Vedi A. Florisone, *Astres et constellations des Babyloniens*, 1951, p. 157.
5. Cfr. Manilio, *Astronomicon*, Libro v, v. 20: «*Heniochusque memor currus* [Enioco, memore ancora del carro che un tempo guidava]», p. 674, ex editione Bentleiana Londra 1828.
6. Vedi Eratostene, *Epitome dei catasterismi*, (a cura di) A. Santoni, ETS, Pisa 2009, p. 89.
7. Vedi Igino, Miti, par. 139, I Cureti, (a cura di) G. Guidorizzi, Adelphi 2000, p. 97.
8. Stella δ, «*australior de tribus quae sunt in capite*», di magnitudine 4.
9. Stella sulla spalla destra β, il suo nome Menkalinan deriva dal termine preislamico *Mankib* [la Spalla del Cocchiere], di magnitudine 2. Il nome proviene dalla traduzione in arabo della descrizione greca della stella come spalla destra dell'Auriga.

10. Stella α Capella [la Capra]. Gli Arabi la chiamavano *Alhajoth*; il nome Capella è latino e significa capretta, di magnitudine 1.

11. Stella sul gomito sinistro ε, «*quae in cubito sinistro*» e la stella υ, il gomito destro, «*quae in cubito destro*», di magnitudine 4.

12. Stella ζ Haedi. Il nome più comune di questa stella è Sadatoni ma è stata chiamata anche Saclateni, Haedi; Haedus; Hoedus. Con le stelle η, ε forma il gruppetto triangolare detto i Capretti, di magnitudine 4. È, insieme alla ι, una delle stelle intrinsecamente brillanti della costellazione. Allen riporta a p. 90 in *Star Names* varie citazioni di poeti latini che queste stelle erano anticamente associate al maltempo: Virgilio nelle *Georgiche* parla dei *Dies Haedorum* [i giorni dei Capretti] accostandoli al cattivo tempo; Orazio si riferisce a questo asterismo come «*ad horrida et insana sidera e insana Caprae sidera*» e Ovidio chiama questi astri nimbosi [piovosi]. La stella η Hoedus è la terza del gruppetto triangolare detto The Kids [i Capretti], di magnitudine 4-3.

# Costellazioni zodiacali

# Introduzione

Le costellazioni zodiacali sono forse tra le più antiche create dall'uomo e poiché sono sparse intorno all'eclittica sono percorse dal Sole durante il corso dell'anno. A queste costellazioni sono stati assegnati nomi di esseri viventi, reali o fantastici. Ciò spiega l'etimologia del nome derivato dal greco *zōdiakòs*, parola a sua volta composta da *zòon* [animale, essere vivente] e *hodòs* [strada, percorso].

Tali costellazioni sono irregolari nella loro posizione sull'eclittica. Considerando la costellazione del Leone solo la stella Regolo si trova sull'eclittica, mentre la maggior parte delle stelle che disegnano la costellazione è totalmente sopra al piano dell'eclittica. Inoltre le costellazioni zodiacali sono disuguali come dimensioni; ne è una dimostrazione la costellazione dello Scorpione, che in origine includeva anche le Chele ed era molto vasta, la quale fu poi scissa in due creando la costellazione della Bilancia. Esiste anche una notevole differenza di luminosità tra le varie costellazioni zodiacali; alcune sono costituite da stelle molto luminose, mentre altre contengono stelle piuttosto deboli, come la costellazione del Cancro o dell'Acquario. La maggior parte degli studiosi è concorde nell'attribuire l'origine delle costellazioni zodiacali al periodo sumerico-accadico-babilonese. Alcuni ne fanno risalire l'origine ai tempi preistorici, ad esempio Alexander Gurshtein suddividendo in quartetti le dodici costellazioni zodiacali ipotizza che furono create all'incirca nel 6000 A.C.[1].

Una definizione dello zodiaco come fascia di costellazioni s'incontra per la prima volta in un'esplicita forma nel trattato

---

1. Vedi A. Gurshtein, *The origins of the contellations;* American Scientist, 1997, 85, pp. 264-272.

astronomico MUL.APIN, le cui prime copie risalgono all'inizio del VII secolo A.C. ma alcuni frammenti alla seconda metà del II millennio A.C. In esse si può leggere:

> Gli dei che stanno sulla via della Luna, attraverso le cui regioni la Luna nel corso del mese passa e le tocca; le Stelle (le Pleiadi), il Toro del Cielo (Iadi e Aldebaran), il Vero Pastore di Anu (Orione), il Vecchio (Perseo e la parte nord del Toro), il Pastore (Auriga), i Grandi Gemelli (Gemelli), il Granchio, il Leone, il Solco (Vergine), la Bilancia, lo Scorpione, Pablisag il Soldato (Sagittario), il Pesce Capra (Capricorno), il Grande (Acquario), la Coda (parte sud dei Pesci), la Rondine (parte occidentale dei Pesci), l'Anunitu (parte nordest dei Pesci) e il Bracciante agricolo o l'Agricoltore (Ariete)[2].

Questo testo contiene diciotto costellazioni attraverso le quali la Luna passa durante il suo moto mensile. Il catalogo ha ovviamente una base astronomica, le costellazioni sono elencate secondo la loro longitudine crescente; contiene pertanto i risultati delle osservazioni del movimento lunare relativo alle stelle fisse. È una differenza fondamentale tra lo zodiaco mesopotamico e lo zodiaco greco, originariamente associato al moto del Sole. In epoca babilonese, durante la dinastia cassita tra il 1350 A.C. e il 1000 A.C., iniziò la nuova tradizione pittografica delle pietre confinarie, dette *kudurru*. Avevano un carattere di tipo regale e servivano a proteggere e delimitare i confini delle terre amministrate dal re. Presenti nelle pietre confinarie c'erano anche icone che poi sarebbero diventate costellazioni zodiacali: troviamo infatti rappresentati il Leone, il Toro, lo Scorpione, il Sagittario, il Capricorno, l'Acquario e con molta probabilità la Vergine e l'Ariete, nonché simboli che poi sarebbero stati associati ai Pesci e ai Gemelli. Nelle pietre confinarie poi apparivano anche Anu, Enlil ed Ea, tre divinità che governano le tre zone

---

2.  Vedi Gennady E. Kurtik, *On the origin of the 12 zodiac constellation system in ancient Mesopotamia,* vol. 52 anno 2021.

dei cieli individuate dai Sumeri. Enlil governa la parte settentrionale del cielo detta la "via di Enlil" ed è dio dell'aria e delle forze naturali. Anu governa la parte centrale del cielo attraversata dallo zodiaco detta "via di Anu", l'antico dio dei cieli. Ea invece governa la parte meridionale del cielo detta "via di Ea", rappresentata dalle cosiddette "acque celesti". La dea Ea, divinità della terra e della vita, soggiorna nelle acque abissali; la si può vedere rappresentata con due rivoli di acqua che fluiscono verso la terra e potrebbe rappresentare l'Acquario, ma potrebbe anche essere simbolizzata dal Capricorno[3]. Infatti Ea è dea delle acque ma spesso è rappresentata da una capra con la parte inferiore a forma di pesce; è quindi possibile una sua evoluzione in quella del Capricorno.

Nelle pietre di confine della dinastia cassita il simbolismo astrale si stratificò verso una commistione di simboli celesti rappresentati da singoli animali, i soliti dell'era sumerica, e simboli di divinità umanizzate. Questo parallelismo tra figure umane e figure animali continuò nel tempo fino a formare le ben note figure dello zodiaco che oggi conosciamo. S'inizia quindi a intravedere una doppia origine dello zodiaco: una animale-agricola, forse sumerica o ancora più antica; e una umana-astrale ascrivibile alle popolazioni semitiche che poi governarono e amministrarono la società mesopotamica.

Sul finire del primo millennio antecedente all'era cristiana – ovvero dal 750 A.C. fino al 60 A.C. – a Babilonia si sviluppò la casta sacerdotale degli astronomi-astrologi caldei e predominante diventò l'uso dell'osservazione astronomica a fini divinatori. Venne fissata la suddivisione dello zodiaco in dodici aree di uguale lunghezza lungo l'eclittica di trenta gradi ognuna. Lo zodiaco divenne quindi l'unione di due calendari: uno agricolo e l'altro di tipo civile-religioso; il primo relativo all'attività agreste e l'altro relativo alle mansioni di Stato. Questa breve analisi sui segni zodiacali permette di affermare

---

3. Vedi J.H. Rogers, *Origins of the ancient constellations*, «Journal of British Astronomical Association», vol. 108, n. 1, 1998, pp. 9-28 e vol. 108, n. 2, 1998, pp. 79-88.

che hanno una radice iconografica profonda già in epoche remote che inizia dalle pietre confinarie *kudurru* per poi evolversi aggraziandosi attraverso il racconto mitologico, a differenza delle altre trentasei costellazioni di cui in buona parte ignoriamo la controparte iconica. Focalizziamo a questo punto la nostra attenzione su alcuni passaggi significativi con cui vengono descritte le costellazioni zodiacali sia in Manilio che in Igino al fine di poter dedurre la base sulla quale si può essere ispirato chi ha eseguito le xilografie del 1482. In Manilio troviamo la giustificazione per la particolare postura dell'Ariete, con il capo rivolto all'indietro: «Apre la rassegna l'Ariete nello splendore del suo dorato Vello d'oro che guarda all'indietro con meraviglia il sorgere contrario del Toro»[4], oppure in Igino leggiamo: «Insiste sul circolo equinoziale, la testa rivolta verso oriente»[5]. Troviamo molti riferimenti ai poemi latini anche nella costellazione del Toro; in Manilio infatti leggiamo del «Toro che si accascia su una zampa zoppicante»[6], mentre nel *Poeticon* di Igino è ben più esplicita la rappresentazione del Toro: «Girato verso oriente con la sua metà visibile, sembra star per cadere con i ginocchi a terra, la testa inclinata nella stessa direzione»[7]. Il perché di una parte non visibile del Toro è contenuta nel mito descritto da Igino: «quando Io fu trasformata in giovenca, per riparare al fatto Giove la trasferì in cielo, in modo tale che mostrasse ben visibile la sua parte anteriore in forma di giovenca, mentre il resto del corpo restava in ombra»[8].

Anche in altri segni zodiacali troviamo posture e descrizioni consone al poema sia di Manilio che di Igino. Ad esempio la costellazione dei Gemelli viene così descritta: «attraversano i cieli tenendosi

---

4. Vedi Manilio, *Astronomicon*, Libro I, (a cura di) S. Feraboli, E. Flores, R. Scarcia, p. 31, vv. 263-264.

5. Cfr. Igino, *Poeticon Astronomicon*, Libro III, paragrafo *De Ariete*.

6. Vedi Manilio, *Astronomicon*, Libro I, (a cura di) S. Feraboli, E. Flores, R. Scarcia, p. 39, v. 361.

7. Cfr. Igino, *Poeticon Astronomicon*, Libro III, paragrafo *De Tauro*.

8. Cfr. *Ibidem*.

costantemente l'un l'altro abbracciati»[9], oppure nella costellazione dei Pesci «restano reciprocamente opposti, sicché paiono seguire dei divergenti cammini»[10]. Il Libro III del *Poeticon* mette in risalto l'origine letteraria della costellazione del Sagittario: «Il Sagittario, che guarda verso occidente, è raffigurato con il corpo del Centauro, e quasi nell'atto di scagliare una freccia»[11]. I Latini rappresentavano le costellazioni non in gruppi geometrici formati da punti luminosi ma soprattutto come disegni di esseri umani, animali od oggetti familiari di cui le stelle suggerivano gli elementi principali. Questo spiega l'uso di termini come *imago* (immagine),

Pietra confinaria del periodo cassita. Sono riconoscibili in alto a sinistra la Luna il Sole, la costellazione dello Scorpione, del Toro e del Leone. Fonte: *Astronomisches aus Babylon, oder, das wissen der Chaldaer uber den gestirnten himmel*, p. 150.

soprattutto in ambito poetico. Il primo libro illustrato di astronomia che contiene le raffigurazioni di quarantasei costellazioni è il *Poeticon Astronomicon* di Igino, stampato a Venezia nel 1482. Non sappiamo se sia stato il tipografo tedesco Erhard Ratdolt oppure il suo collaboratore Bernhard Maler a fare le xilografie che lo adornano. Quello che però possiamo dedurre confrontando i testi latini con le immagini realizzate è che molto probabilmente l'ispirazione delle posture per le immagini delle costellazioni sia zodiacali sia extrazodiacali è da ricercarsi nei testi latini di Igino e di Manilio.

---

9. Vedi Manilio, *Astronomicon*, Libro II, (a cura di) S. Feraboli, E. Flores, R. Scarcia, p. 113, vv. 163-165.

10. Cfr. *Ibidem*.

11. Cfr. Igino, *Astronomicon*, Libro III, par. *De Sagittario*.

L'Ariete raffigurato a Casa Provenzali.

# Costellazione dell'Ariete

Questa costellazione non è molto appariscente, essendo formata solo da due o tre stelle luminose.

Diversi fatti dimostrano che sia stata creata in seguito alle altre costellazioni limitrofe per riempire lo spazio vuoto rimasto, divenendo così un intruso nel mito di Perseo e Andromeda e interponendosi alla costellazione della Balena.

Xilografia tratta dal *Poeticon Astronomicon* di Igino del 1482.

Plinio[1] attribuisce a Cleostrato di Tenedo, intorno al IV secolo A.C., l'introduzione della costellazione dell'Ariete a quanto pare allo scopo di completare il cerchio dei dodici segni zodiacali.

Nella sfera babilonese non troviamo nulla di simile, almeno a prima vista; la figura corrispondente all'Ariete è chiamata HUN. GA [*Agrû*, Bracciante agricolo].

Tale costellazione ha un legame con un'altra detta DIL.GAN [*Ikû*, l'Irrigatore], costituita da stelle dell'Ariete e della Balena, la cui stella Eâ assume il significato di Dio delle sorgenti. Tale divinità aveva per emblema la testa di un Ariete[2].

Altre testimonianze invece fanno riferimento all'Egitto. Il fatto che Manilio attribuisca il primo decano dell'Ariete allo stesso Ariete forse non è una prova sufficiente dell'origine egiziana del segno[3].

Il collegamento con la leggenda dell'ariete di Ammone è probabilmente uno sviluppo successivo e gli Egiziani potrebbero averlo acquisito dai conquistatori assiri. I Greci chiamano questa costellazione κριός[4] [*Kriós*, l'Ariete]. Si dice che il suo nome fosse Crisomallo (il Vello d'oro) e quindi sarebbe associato addirittura alla spedizione degli Argonauti; altri riportano che rappresenta invece la capra Amaltea.

Nella mitologia greca la costellazione dell'Ariete è legata al mito del Vello d'oro, la pelle dell'ariete che aveva trasportato Frisso nella Colchide. Dopo che l'animale fu sacrificato venne appeso a una quercia del bosco sacro di Ares, dove rimase custodito da un dragone.

La stella principale di questa costellazione, Hamal, non era incorporata nella figura dell'Ariete ma se ne stava esternamente, così che Ipparco la segnalò come «quella che si trova sotto la testa»[5].

Nel x secolo l'astronomo Al Sufi la descrisse come «quella che brilla al nord delle due del Corno» aggiungendo che si chiama *Al-natih* [Quella che batte sul Corno].

Certo è che duemila e più anni fa il Sole si trovava in tale costellazione all'equinozio di primavera e in essa cadeva quindi il punto equinoziale, o punto gamma. Oggi ha perduto questo privilegio dato che a causa della precessione degli equinozi il predetto punto si e spostato nella costellazione dei Pesci.

Nel soffitto ligneo di Casa Provenzali la costellazione dell'Ariete si è conservata pressoché integra e il restauro ne ha messo in risalto particolari d'eccezione, specie sulla collocazione delle stelle all'interno dell'immagine. Igino descrive in questo modo la disposizione delle stelle che costituiscono la costellazione dell'Ariete nella sua *Poetica*:

Insiste sul circolo equinoziale, la testa rivolta verso oriente, tramonta a cominciare dalle zampe anteriori e sorge tenendo la testa sotto il Triangolo, come abbiamo detto sopra, mentre gli zoccoli toccano quasi la testa della Balena. Ha una stella sulla testa[6], tre sulle corna[7], tre sul

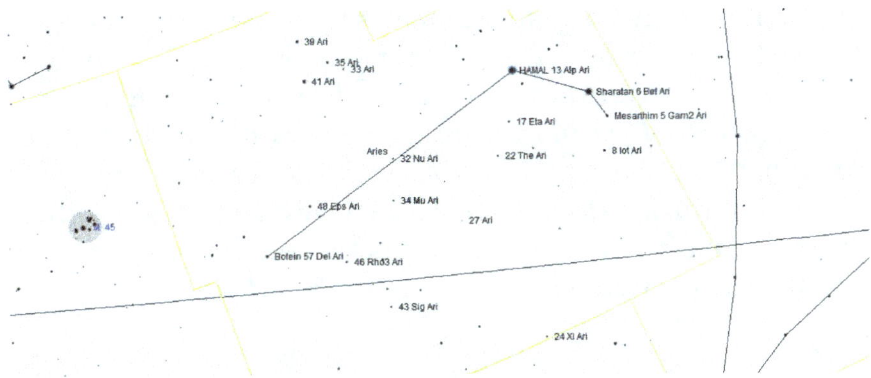



Mappa stellare della costellazione dell'Ariete.

collo[8], una sul primo zoccolo anteriore[9], quattro fra le scapole[10], una sulla coda[11], tre nei lombi[12], una sotto il ventre[13], una nello zoccolo posteriore[14]. In tutto fanno diciotto stelle.

Confrontando la descrizione delle stelle che costituiscono la costellazione dell'Ariete data da Igino con quelle descritte da Eratostene nei *Catasterismi* è immediato notare come il testo usato da Ratdold per creare le xilografie sia il *Poeticon Astronomicon*.

Eratostene non colloca delle stelle poste sulle corna dell'Ariete e racconta nei *Catasterismi*[15] che l'Ariete è l'animale che trasportò Frisso ed Elle e in prossimità dello stretto di mare che da lei prese il nome (Ellesponto), lasciò cadere la ragazza e perse anche un corno; infatti nella descrizione delle astrotesie dell'Ariete Eratostene non cita mai le corna: «Ha le seguenti stelle: una luminosa sulla testa, tre sul naso, due sul collo; sull'estremità della zampa anteriore una luminosa; sul dorso quattro; sulla coda una; sotto il ventre tre; sul bacino una; sull'estremità della zampa posteriore una. In tutto diciassette».

Dal confronto dei due brani si nota che il numero di stelle rimane pressoché invariato, Eratostene non cita le tre stelle disposte nelle corna e anche altre stelle hanno una disposizione completamente diversa.

Per Eratostene vi sono tre stelle sul naso, mentre per Igino tali stelle non esistono. Anche il numero di stelle posto sul collo dell'Ariete non concorda con quanto descritto da Eratostene. È interessante mettere in evidenza come le astrotesie descritte da Igino nel *Poeticon Astronomicon* della costellazione dell'Ariete siano conformi alla disposizione delle stelle che si trovano raffigurate nel segno zodiacale dell'Ariete nel Salone dei mesi a Palazzo Schifanoia di Ferrara.

## *Note di chiusura*

1. Vedi Plinio, *Naturalis Historia*, II, 31.

2. Vedi A. Florisone, *Astres et constellations des Babyloniens*, 1951, pp. 156-157.

3. Vedi Manilio, *Astronomicon*, Libro IV, note p. 560, a cura di M. Candellero, edizioni Arktos 1995, v. 330.

4. Cfr. Arato, *Fenomeni*, (a cura di) V. Lanzara, Garzanti 2020, v. 225.

5. Tolomeo, *Ptolemy's catalougue of stars*, descrive la posizione della stella Hamal in questo modo: «*Quae supra caput est quam Hipparchus in collo dicit*».

6. La stella η, di magnitudine 5.

7. La stella α Hamal, nome preislamico della costellazione *Al-hamal* [l'Agnello], oppure *Elnath* [Quella che colpisce con le corna]. Riccioli si riferì a essa come Ras Hammel, da *Al Ras al Hamal* [la Testa della Pecora]. Ma altri, tra i quali Ulugh Begh, la chiamarono *El Nath* o *Al Natih* [il Corno], di magnitudine 3-2. La stella β Sheratan, il cui nome deriva secondo Kunitzsch dalla casa lunare *Al-sharatān* [Due], forse riferendosi anche alla stella γ, di magnitudine 3. Anche il nome della stella γ è connesso alla stella β, tuttavia Bayer credeva che Sartai derivasse dalla parola ebraica *m'shār'tīm* [i servitori] piuttosto che da *Al-sharatān* e la stella γ da allora viene chiamata Mesarthim, di magnitudine 3-4.

8. Stelle θ, ι di magnitudine 5 e la 15 Arietis di magnitudine 5,7.

9. Stella ξ, di magnitudine 4.

10. Stelle 33, 35, 39 di magnitudine 5 e la stella 41 di magnitudine 4.

11. Stella δ Botein, il cui nome deriva dalla casa lunare *Al-butain* [la Piccola Pancia], di magnitudine 4, che comprendeva le stelle δ, ε, ρ Arietis, di magnitudine 5.

12. Stelle μ, ρ, σ, di magnitudine 5.

13. Stella ε di magnitudine 5 o la stella ν di magnitudine 6.

14. Stella μ Ceti, «*Quae in extremitate posterioris pedis*», di magnitudine 4-3.

15. Vedi Eratostene, *Epitome dei catasterismi*, (a cura di) A. Santoni, ETS, Pisa 2009, p. 103.

Il Toro raffigurato a Casa Provenzali.

# COSTELLAZIONE DEL TORO

Omero cita nell'*Odissea* solo le Iadi e le Pleiadi, mai la costellazione del Toro come la conosciamo ora. Fu probabilmente introdotta fra il IX e il VII secolo A.C. dai Babilonesi vedendo nelle stelle del Toro la via d'Anu, chiamando la costellazione del Toro GUD.AN.NA e la sua stella principale Aldebaran, *Is-li-e* [La Mascella del Toro][1]. La costellazione del Toro fu conosciuta presso i Greci

Xilografia tratta dal *Poeticon Astronomicon* di Igino del 1482.

non prima del VI secolo A.C., dove era nota a Ferecide di Atene[2]. Omero chiamava l'ammasso aperto delle Iadi "le Piovose"[3] poiché la loro apparizione coincideva con la stagione delle piogge primaverili. Esiodo collegava il lavoro dei campi al corso delle Pleiadi, presso i Latini invece le Pleiadi erano chiamate *Vergiliae*[4], cioè Astri della primavera. Trenta secoli or sono i naviganti prima di avventurarsi sui mari attendevano la levata primaverile delle Pleiadi, circostanza che indusse gli etimologisti a ritenere che il loro nome derivi da *plein* [navigare], ma è più probabile che esso derivi da *pleias* [moltitudine].

Sono diversi i miti collegati alla costellazione del Toro, il più noto è il ratto di Europa compiuto da Zeus assumendo le sembianze di un toro. Zeus vide Europa mentre giocava insieme alle compagne sulla spiaggia di Sidone o di Tiro, di cui suo padre era re. Così trasformato andò ad accucciarsi ai piedi della ragazza, che ignara si sedette sulla sua groppa. Immediatamente il toro si slanciò verso

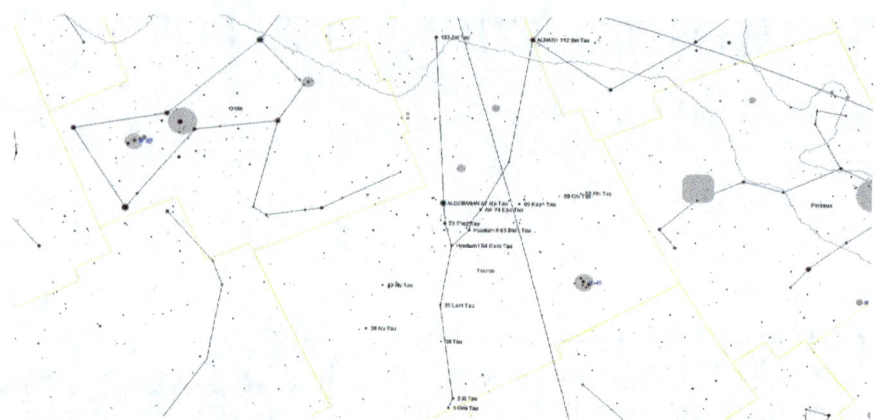

Mappa stellare della costellazione del Toro.

il mare e nonostante le grida di Europa il toro nuotando nel mare si allontanò dalla riva. Arrivato all'isola di Creta, Zeus si manifestò e con Europa concepì tre figli: Minosse, Serpedone e Radamanto. La costellazione del Toro nel soffitto ligneo mantiene intatto nella sua rappresentazione anche un altro mito a esso associato, sempre narrato nel *Poeticon*. Secondo tale mito si ritiene che il Toro fosse Io, che fu trasformata in giovenca da Giove e che fu trasferita in cielo in modo tale che mostrasse ben visibile la sua parte anteriore di giovenca, mentre il resto del corpo restava in ombra.

Nel soffitto ligneo la costellazione del Toro è in ottimo stato di conservazione e solo nella parte centrale, dove le due tavole di legno che compongono l'immagine sono appaiate e in seguito stuccate, una stella che costituiva l'anello nel naso del Toro è andata perduta. Le stelle caratteristiche della costellazione del Toro vengono così descritte da Igino nella sua *Poetica*:

Tra la fine del suo corpo e la coda dell'Ariete ci sono sette stelle dette *Virgiliae* in latino, *Pleiàdes* in greco. Tramonta e sorge rinculando. Ha una stella su ciascun corno[5], ma quella del sinistro è più luminosa, una in ciascun occhio[6], una in mezzo alla fronte[7]. Una stella lì dove spuntano le corna[8]: queste sette stelle sono dette Iadi, anche se qualcuno nega che

172

le ultime due che abbiamo elencato siano stelle, il che farebbe un totale di cinque Iadi. Ha inoltre una stella sul ginocchio sinistro[9], una sullo zoccolo[10], una sul ginocchio destro[11], tre fra le scapole[12], l'ultima più brillante delle altre, una sul petto[13]. In tutto sono diciotto, le Pleiadi escluse.


## Note di chiusura

1. Vedi A. Florisone, *Astres et constellations des Babyloniens*, 1951, p. 157.

2. Ferecide di Atene, scrittore e storico greco del V secolo A.C. Schol. Hom. I Libro, XVIII, 486.

3. Vedi C. Flammarion, *Le stelle e le curiosità del cielo*, Sonzogno, Milano 1904, p. 288.

4. Cfr. Igino, *Astronomicon*, Libro II, par. *De Tauro*.

5. Stella β, deriva dall'arabo *Al-nath* [Quella che urta (presumibilmente con le corna)], descritta da Tolomeo: «*quae est in extremitate borealis cornu eademque in dextro pede Aurigae*», è di magnitudine 3. È la stella ζ, così descritta nell'*Almagesto*: «*quae est in extremitate cornu australis*», è di magnitudine 3.

6. Stella α, deriva dall'arabo *Al-dabarān* [la Seguente] perché segue le Pleiadi nel loro percorso celeste. Nell'*Almagesto* Tolomeo la descrive in questo modo: «*fulgens de Hyades, et est in oculo australi subrufa*», è di magnitudine 1. La stella ε Ain, nome derivato dall'arabo *'Ain al-thaur* [l'Occhio del Toro], è così descritta nell'*Almagesto*: «*reliqua quae est in oculo boreali*», di magnitudine 3-4.

7. Stella γ Hyadum Prima, nome introdotto da Flamsteed nel Settecento e ripreso da Piazzi nel suo catalogo del 1814, significa la Prima delle Iadi, di magnitudine 3-4.

8. La stella τ di magnitudine 4 e la stella ι di magnitudine 4.

9. Stella 90 c, dall'*Almagesto*: «*quae in genu sinistro*», di magnitudine 4.

10. Stella ν, di magnitudine 4.

11. Stella μ, dall'*Almagesto*: «*quae in genu dextro*», di magnitudine 4.

12. Stelle φ, χ, κ, di magnitudine 5.

13. Stella λ, dall'*Almagesto*: «*quae in pectore*», di magnitudine 3.

I Gemelli raffigurati a Casa Provenzali.

# COSTELLAZIONE DEI GEMELLI

L'origine di questa costellazione è probabilmente da ricercarsi nei Babilonesi, che distinguevano in questa parte di cielo i Grandi Gemelli MASH.TAB.BA.GAL. GAL.LA (MASH.TAB.BA in accadico significa gemelli) le stelle α Castore e β Polluce; e i Piccoli Gemelli MASH.TAB.BA.TUR. TUR[1], le stelle λ, ξ. Certamente si può obiettare che le sculture babilonesi le rappresentano non come forme umane ma sotto le sembianze di teste di animali[2]. I Fenici vedevano nelle due stelle una coppia di caprette, gli Arabi una coppia di pavoni; mentre nell'antico Egitto vi si ravvisavano due piante germoglianti ma erano anche identificate con le due fasi di giovinezza e maturità di Horus (i cui occhi erano il Sole e la Luna). Nei testi delle piramidi si narra del combattimento cosmico fra Horus e Seth, nel corso del quale Seth riuscì a strappare un occhio al suo avversario: Horus riuscì a ritrovarlo e, dopo averlo purificato, lo chiamò Udijat, "Colui che è in buona salute". Castore e Polluce ci riconducono al mito dei gemelli figli di Leda e di Giove protetti da Apollo; a Roma erano ricordati come i gemelli di Febo e anche come i Dioscuri. Entrarono nella mitologia come la guida degli Argonauti. Per i Romani erano i protettori nella battaglia, numi tutelari dell'ospitalità e anche protettori dei marinai nelle tempeste. In questa veste si riteneva apparissero sui pennoni o in cima agli alberi i "fuochi di sant'Elmo". La particolarità della costellazione dei Gemelli rappresentata nel soffitto ligneo, rispetto alla xilografia di Ratdolt del 1482, è che i Gemelli sono stati dipinti

Xilografia tratta dal *Poeticon Astronomicon* di Igino del 1482.

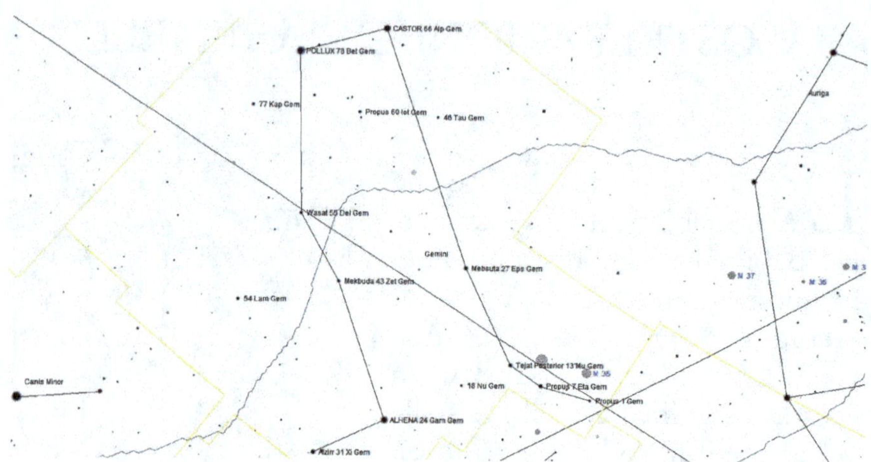


Mappa stellare della costellazione dei Gemelli.

senza le ali e il gemello di destra, quello più vicino al Cancro, è
privo della lira. Il gemello che tiene nella mano destra il falcetto è
il più interessante perché sul piede sinistro dovrebbero essere rappresentate due stelle di cui una sotto il piede, detta Pròpous, che
non è più visibile o forse danneggiata per cui non è stato possibile
recuperarla durante la fase di restauro.

Le stelle caratteristiche della costellazione dei Gemelli vengono
così descritte da Igino, nella sua *Poetica*:

Tenendosi abbracciati, tramontano verticalmente a cominciare dai piedi,
sorgono invece obliquamente, quasi fossero sdraiati. Quello dei due che
è più vicino al Cancro ha una stella luminosa sulla testa[3], una luminosa
su ciascuna spalla[4], una nel gomito destro[5], una su ciascun ginocchio[6],
una su ciascun piede[7]. L'altro a sua volta, una sulla testa[8], una sulla spalla
sinistra[9], una seconda sulla spalla destra[10], una su ciascuna mammella[11],
una sul ginocchio destro[12], una sul sinistro[13], una su ciascun piede[14], una
sotto il piede sinistro detta Pròpous[15]. In totale diciotto.

Eratostene nei *Catasterismi*[16] chiama la stella posta sotto il piede
sinistro Propo, che significa "Che sta prima del piede".

*Note di chiusura*

1. Vedi A. Florisone, *Astres et constellations des Babyloniens*, 1951, p. 157.

2. Cfr. A. le Boeuffle, *Les noms latins d'astres et de constellations*, Les Belles Letters Parigi 2010, p. 159.

3. Stella β Polluce, il Pugile, deriva dal nome greco πολυδεύκησ [molto brillante], è di magnitudine 2.

4. Stelle κ a destra, υ a sinistra, «*quae istam sequitur et est in dextro humero ejusdem*», entrambe di magnitudine 4.

5. Stella δ Wasat, deriva dall'arabo *Wasat as Sama* [In mezzo al cielo], di magnitudine 3.

6. Stella λ a destra, di magnitudine 3, e la stella ζ Mekbuda a sinistra, il cui nome deriva secondo Kunitzsch dal termine preislamico *Dhirāʿ al-asad al-maqbūda* [la Zampa piegata del Leone], di magnitudine 3.

7. La stella ξ a destra, «*quae in extremitate dextri pedis seguenti Geminorum*», di magnitudine 4. La stella γ a sinistra, «*quae in extremitate sinistri pedis seguenti Geminorum*». Alhena che deriva dall'arabo *Al han'a* [il Marchio sul Collo del Cammello], è di magnitudine 3.

8. Stella α Castore, il cui nome deriva dal greco κάστωρ [eccellente, insuperabile]. Per gli Arabi è *Muqaddam al dhirāʿain* [Quella che precede i Due cubiti, o Avambracci], di magnitudine 2.

9. Stella τ, di magnitudine 4.

10. Stella ι, di magnitudine 4.

11. Stelle a destra forse la 57 A, di magnitudine 4 e a sinistra la stella 47.

12. Stella 36 d, «*quae precedit genu sinistrum sequentis Geminorum*», di magnitudine 5.

13. Stella ε Mebsuta, deriva da *Dhirāʿ al-asad al-mabsūta* [la Zampa distesa del Leone], è di magnitudine 3.

14. Stella μ Tejat, deriva dall'arabo *tihyāt* considerato una forma singolare di *Al-tahāyī*, nome di una costellazione di significato sconosciuto, di magnitudine 4-3. È la stella ν, di magnitudine 4-3.

15. Stella η. Il nome greco *Pròpous* [Piede anteriore] deriva dal fatto di trovarsi davanti al piede sinistro di Castore, di magnitudine 4-3. La frase che indica il totale di diciotto stelle manca nella maggior parte dei manoscritti. stesso numero in Tolomeo (+7 informate).

16. Vedi Eratostene, *Epitome dei catasterismi*, (a cura di) A. Santoni, ETS, Pisa 2009, p. 83.

Il Cancro raffigurato a Casa Provenzali.

# Costellazione del Cancro

L e stelle che costituiscono la costellazione del Cancro non sono molto luminose, essendo di magnitudine compresa tra la 3[a] e la 4[a]. Fu introdotta nella metà del primo millennio A.C., ne parlavano già Eudosso e Ipparco, ed era conosciuta come Kushu, un animale marino forse proprio un granchio. In passato era anche chiamato Nagar (*Nangaru*) cd cra costituito solo dall'ammasso aperto del Presepe. Non c'è traccia di questo asterismo nella cultura babilonese,

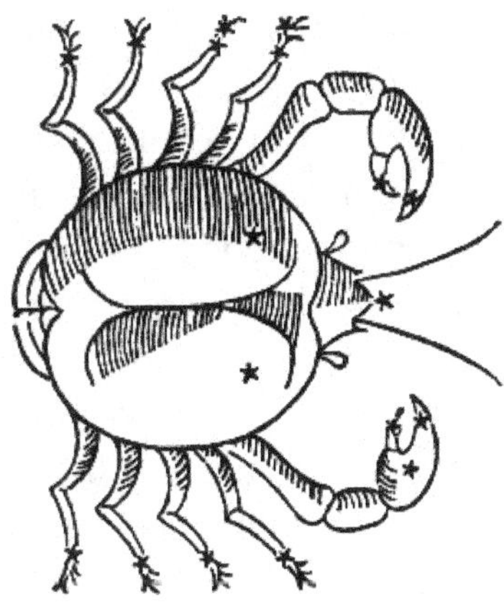

Xilografia tratta dal *Poeticon Astronomicon* di Igino del 1482.

secondo la tavoletta MUL-APIN era rappresentato come AL.LUL[1] [Anello di sventura], forse l'ammasso aperto del Presepe. Probabilmente la costellazione del Cancro deriva dalla cultura egizia, potrebbe essere la trasformazione delle due Tartarughe che rappresentano il decano $\Sigma\acute{\iota}\tau$[2] localizzato nel Cancro. Un altro possibile modello è lo scarabeo egizio delle Dodécaores[3]. Questo asterismo è evidentemente immaginato da una civiltà pastorale; al centro del carapace ci sono due stelle ($\gamma$ Asellus Boreale e la $\delta$ Asellus Australe) attorno a un gruppetto di stelle che formano l'ammasso aperto M 44 visibile a occhio nudo. Il quadro così formato è piuttosto coerente poiché nelle due stelle si vedevano due Asini e nell'ammasso aperto la Mangiatoia o Greppia. Arato nei *Fenomeni* descrive così questo quadro astrale: «Osserva anche la Greppia, che simile a una piccola foschia guida il suo corso a nord sotto il Cancro. Intorno a lei si muovono due astri con luce fioca, non assai lontani né assai vicini, ma tutt'al più quanto misura un braccio. Uno è rivolto verso Borea, l'altro verso Noto, e si chiamano Asini»[4].

Plinio il Vecchio chiama l'ammasso aperto del Cancro con il nome latino di Presepe, descrivendolo contornato da due stelle chiamate gli Asini: le due stelle sono la γ Asellus Borealis, e la δ Asellus Australis. Nel Cancro oltre al mito della seconda fatica di Ercole associato all'intera costellazione ne è contenuto al suo interno un altro; infatti alla configurazione asini-mangiatoia è associato il mito di Dioniso raccontato da Eratostene nei *Catasterismi* e ricordato anche da Igino nella sua *Poetica*: «Al tempo in cui gli dei andarono in guerra contro i giganti, si racconta che Dioniso, Efesto e satiri marciavano su degli asini; quando erano ormai vicini ai giganti, anche se non riuscivano ancora a vederli, gli asini si misero a ragliare e i giganti, all'udire quel suono, fuggirono»[5].

La voce greca καρκίνοσ[6] (*Karkinos*) con la quale Eudosso, Ipparco, Tolomeo e tutti gli antichi astronomi designarono questa costellazione significa al tempo stesso granchio e gambero, come *cancer* in latino, e questo sarà molto interessante nella descrizione della costellazione nel soffitto ligneo di Casa Provenzali. Anche nella *Poetica* di Igino si fa riferimento a una palude[7]; probabilmente il miniatore che ha eseguito l'illustrazione ha applicato alla lettera la parola *cancro* associandola al granchio, mentre nelle altre edizioni della *Poetica* – ad esempio in quella di Colonia del 1534, oppure quella di Basilea del 1570 – viene rappresentato come un gambero. Così in quasi tutte le rappresentazioni negli atlanti stellari successivi, mentre fanno eccezione i seguenti: Iohann Bayer, *Uranometria*, Augusta 1603; John Flamstee, *Atlas coelestis*, Londra Edizione del 1753; J. Aspin, *Urania's mirror*, London 1825; J.E. Bode, *Uranographia*, Berlino 1801, dove la costellazione viene rappresentata da un granchio.

A questo punto occorre fare una riflessione opportuna: l'artista che ha dipinto l'immagine, oppure il committente dell'opera, ha

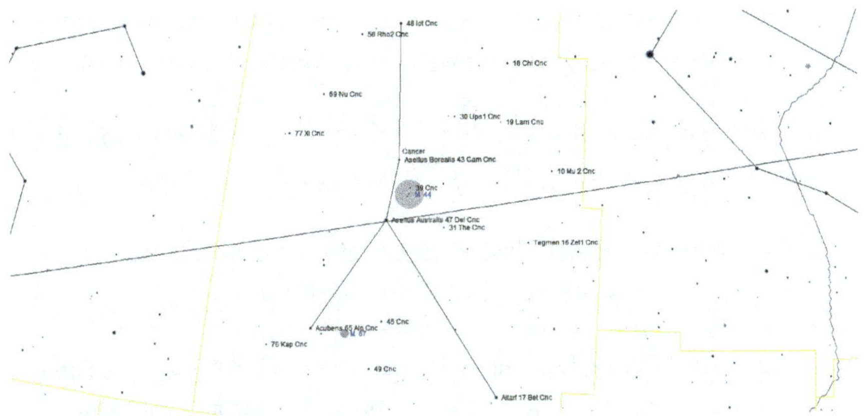

Mappa stellare della costellazione del Cancro.

voluto sostituire l'immagine del Granchio presente nella *Poetica* del 1482 con l'immagine più consona del Gambero che si trova sullo stemma di Cento. La più antica rappresentazione pittorica dello stemma di Cento che riproduce un gambero rosso su fondo bianco si trova all'inizio del manoscritto degli statuti civili della Terra di Cento del 1490, conservati nell'archivio storico centese.

La descrizione mitologica della costellazione del Cancro fatta da Igino è la seguente: «Si racconta che fu trasferito in cielo per grazia di Giunone, perché durante il combattimento di Ercole contro l'Idra di Lerna, uscì dalla palude per afferrargli il piede e morderlo. Dunque Ercole, indignato, lo uccise. Ma Giunone lo pose al cielo in modo da associarlo ai dodici segni che la corsa del Sole occupa principalmente».

Altri mitografi riportano che durante la lotta con l'Idra di Lerna Giunone inviò Carcino (il cui nome in greco significa gambero), un gambero che viveva nella palude di Lerna, il quale morse Ercole al tallone. Ercole adirato lo uccise ma Era per ricompensarlo di aver contribuito a perseguitare Ercole trasferì il Gambero in cielo divenendo così la costellazione del Cancro. Nelle sue *Metamorfosi* Ovidio cita il Cancro tre volte chiamandolo *Cancrum*[8] nel Libro II, e *Cancri*[9] sia nel Libro IV, che nel Libro X.

Lo stato di conservazione e il restauro eseguito sul Cancro è di ottima fattura, mette ben in risalto le stelle in esso raffigurate e la loro disposizione nella *Poetica* anche nella zona del dipinto rovinata della seconda zampa sinistra. Sebbene il restauro non l'abbia resa evidente, la stella citata nel testo di Igino è presente:

Sul carapace ha due stelle che vengono chiamate Asinelli, di cui abbiamo parlato sopra[10]; su ogni zampa destra una stella poco luminosa[11], due stelle sulla zampa anteriore sinistra[12], due altre poco luminose sulla seconda[13], una sulla terza[14], sull'inizio della quarta una poco luminosa[15], sulla bocca una[16]. Su quella che viene identificata come chela destra tre stelle simili, non grandi[17], sulla chela sinistra due simili[18]. In totale diciotto stelle.

*Note di chiusura*

1. Vedi H. Rogers, *Origins of the ancient constellations: I. The Mesopotamian traditions.*

2. Vedi W. Gundel, *Dekansternbilder*, Amburgo 1936, p. 331 e p. 335.

3. Cfr. F. Boll, *Sphaera* Barbarica, Lipsia 1903. I Dodécaores [le Dodici ore] sono ore sacre, magiche per natura perché appartengono ai Decani che sono esseri divini e alle loro rappresentazioni terrestri, le facies.

4. Cfr. Arato, *Fenomeni*, (a cura di) V. Lanzara, Garzanti 2020, vv. 890-900.

5. Vedi Eratostene, *Epitome dei catasterismi*, (a cura di) A. Santoni, ETS, Pisa 2009, p. 85.

6. Vedi C. Flammarion, *Le stelle e le curiosità del Cielo*, p. 338.

7. Cfr. Igino, *Poeticon Astronomicon*, Libro II, par. *De Cancro*.

8. Cfr. Ovidio, *Metamorfosi*, Libro II, v. 83.

9. Cfr. Ovidio, *Metamorfosi*, Libro IV, ver. 625 che nel Libro X, v. 127.

10. Igino si riferisce al Libro II della *Poetica*, dove ha riportato il mito di Dioniso. La stella γ Asellus Borealis è di magnitudine 4-3 e la stella

δ Asellus Australis è di magnitudine 4-3. Il primo a usare entrambi gli appellativi fu Igino, i nomi sono semplicemente la traduzione dal greco di Arato.

11. Stella μ dall'*Almagesto*: «*quae in posteriore pede boreali*», di magnitudine 5, e le stelle λ, χ, υ.

12. La stella β e la stella ζ Tegmine, che deriva dal termine latino *tegmen* [guscio corazzato], chiamate *claras* nella *Scholastica* di Germanico, 131, 3.

13. Stelle 20 d1, 25d2.

14. Stella θ, di magnitudine 4-5.

15. Stella 45a o la 49b.

16. Stella ξ, dall'*Almagesto*: «*Sequens ipsarum*», di magnitudine 5.

17. Stella ι, nell'*Almagesto* chiamata: «*quae in borealis forfice*», di magnitudine 4. E la stella ν, che Tolomeo chiama: «*praecedens duarum sequentium quae sunt super nebulam*», di magnitudine 5. E la stella ρ, di magnitudine 5.

18. Stella α Acubens, nell'*Almagesto* chiamata: «*quae in australi forfice*». Il nome deriva dall'arabo *Al-zubānā* [la Chela], usata per descrivere le stelle α, ι Cnc, è di magnitudine 4. È la stella κ «*quae sequitur extremitatem australis firficis*», di magnitudine 4-5.

Il Leone raffigurato a Casa Provenzali.

# Costellazione del Leone

L a disposizione delle stelle più brillanti nel cielo di quest'asterismo, un quadrilatero delineato da quattro stelle splendenti (stelle α, γ, δ, θ) che ne definisce il corpo, un gruppo ricurvo a forma di falce che forma la testa e il collo (stelle λ, ε, μ, ζ) e un'altra stella splendente (stella β) per la coda rendeva naturale associare tale composizione stellare alla figura del Leone.

Xilografia tratta dal *Poeticon Astronomicon* di Igino del 1482.

Tale denominazione si ritrova spesso tra le varie culture antiche. I Babilonesi lo chiamavano UR.A [*Neshu*, il Leone] o UR.GU.LA [*Nêltu*, la Leonessa], come riportato sulla tavoletta MUL-APIN[1].

Gli Egiziani vi videro anche loro un leone accovacciato già dal Nuovo Regno.

Arato cita la costellazione del Leone nei *Fenomeni*[2], e nei *Catasterismi* Eratostene oltre a citare il mito di Ercole menziona anche quella che diverrà poi la costellazione della Chioma di Berenice: «Al di sopra del Leone si vedono anche sette stelle poco luminose, disposte in forma di triangolo dalla parte della coda, che sono chiamate la Chioma di Berenice Evergetide[3]».

Sebbene la costellazione sia citata anche da Tolomeo nel *Tetrabiblos* definendo le stelle «saturnine e un po' marziali»[4], chiamando tre stelle di questa costellazione con il nome di πλόχαμος

[Capigliatura], diverrà una costellazione a se stante solo nel catalogo di Tycho Brahe del 1590. Se confrontiamo l'estensione della costellazione del Leone con quella del Cancro dobbiamo concludere che la divisione dell'eclittica nei segni zodiacali deve essere avvenuta successivamente all'introduzione delle costellazioni. Sicuramente la divisione in dodici parti dell'eclittica avvenne dopo la formazione delle costellazioni più importanti quali il Toro, i Gemelli, il Leone, la Vergine, lo Scorpione, il Sagittario e i Pesci; in seguito furono formate le costellazioni del Cancro, dell'Ariete, del Capricorno, dell'Acquario e della Bilancia. Quanto all'identificazione mitologica della costellazione del Leone, pare che esso fosse il famoso leone Nemeo ucciso da Ercole nella prima fatica soffocandolo tra le sue braccia; una volta morto Ercole lo scorticò, si rivestì con la sua pelle e la testa gli servì come elmo.

Nel Libro II del *Poeticon* Igino fa riferimento a sette stelle disposte in forma di triangolo vicino alla coda del Leone, affermando che si tratta della chioma di Berenice[5].

Forse fu proprio questo gruppo di stelle a dare l'idea del nome di Chioma di Berenice, come ci racconta Catullo[6]. Verso il 245 A.C. Berenice II di Cirene, moglie di Tolomeo III d'Egitto, fece voto di sacrificare le sue famose trecce dorate nel tempio di Venere se il marito fosse ritornato salvo dalla guerra contro Seleuco, re di Siria.

Tolomeo ritornò e Berenice mantenne la promessa, ma le trecce scomparvero misteriosamente la notte seguente. Per placare l'ira del re l'astronomo Conone affermò che erano state trasformate dagli dei in una costellazione. E così il Leone perse la sua coda: infatti prima quel gruppo di stelle sembra rappresentasse proprio il ciuffo di peli all'estremità della coda del vicino Leone.

La costellazione del Leone raffigurata sul soffitto ligneo non ha subito danni significativi nei secoli e si presentava in un buono stato di conservazione anche prima del restauro.

Le stelle presenti nell'immagine del Leone si sono ottimamente conservate.

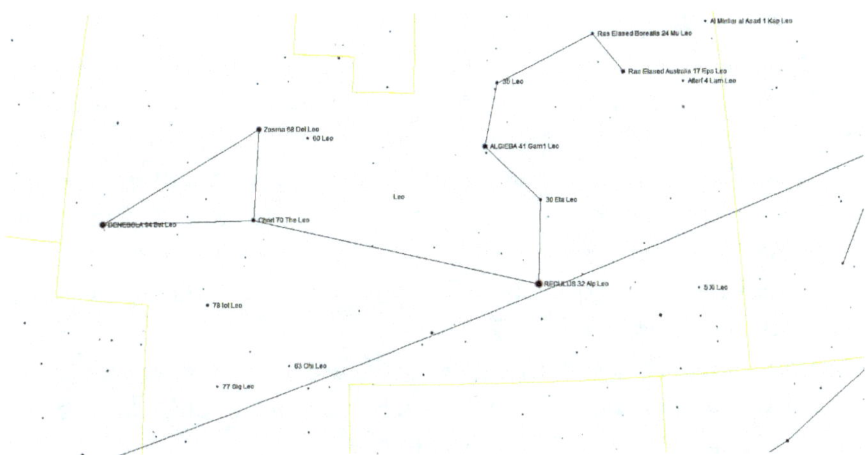

Mappa stellare della costellazione del Leone.

Igino riporta diciannove stelle che compongono la costellazione del Leone ed effettivamente sono rimaste tuttora visibili e collocate esattamente, come descritto nel *Poeticon*:

Tramonta e sorge con la testa. Ha tre stelle sulla testa[7], due sulla nuca[8], una sul petto[9], tre fra le scapole[10], una in mezzo[11] e un'altra in fondo alla coda[12], due sotto il petto[13], una brillante sulla zampa anteriore[14], una brillante sul ventre[15] e un'altra assai rilevante al di sotto[16], una sulle reni[17], una sul ginocchio posteriore[18], una brillante sulla zampa posteriore[19]. In totale diciannove stelle».

*Note di chiusura*

1. Vedi A. Florisone, *Astres et constellations des Babyloniens*, 1951, p. 157.

2. Cfr. Arato, *Fenomeni*, (a cura di) V. Lanzara, Garzanti 2020, v. 148.

3. Vedi Eratostene, *Epitome dei catasterismi*, (a cura di) A. Santoni, ETS, Pisa 2009, p. 87.

4. Vedi *Tetrabiblos* di Claudio Tolomeo, (a cura di) Massimo Candellero, Arktos editore 2006, p. 47.

5. Cfr. Igino, *Poeticon Astronomicon*, Libro II, par. *De Leone*.

6. Cfr. Catullo, che nel poema 66 si ispira a quello di Callimaco, usa talvolta *caesaries* (v. 8), talvolta *coma* (v. 51).

7. Si tratta di ε o Chàsma (Hiatus, [le Fauci del Leone]), Ras Elasted, il nome deriva dalla designazione araba *Al Ras al Asad al Janubiyyah* [la Stella meridionale nella Testa del Leone], di magnitudine 3-2. La stella κ (naris Leonis) di magnitudine 4 e la stella λ Alterf il cui nome proviene secondo Kunitzsch dalla casa lunare preislamica *Al-tarf* [lo Sguardo], costituita da κ, λ, come se fossero gli occhi del Leone, entrambe di magnitudine 4.

8. Stella μ Rasalas, deriva dall'islamico *Ras al-asad al shamālī* [la Parte settentrionale della Testa del Leone], di magnitudine 3. La stella ζ Adhafera che deriva dal nome islamico *Al-dafīra* [la Ciocca di Capelli], che indicava la Chioma di Berenice, di magnitudine 3.

9. Stella α Regolo (Regolus, [Piccolo Re]), fu il nome attribuito a questa stella da Copernico nel 1522 perché si trova nel catalogo stellare del *De Revolutionibus orbium coelestium*, dove così è riportato: «*In corde, quam Basiliscum sive Regulum vocat*», Libro II, p. 135. La stella più brillante della costellazione del Leone fu dunque battezzata così da Copernico ma fin dalla più remota antichità era già stata associata alla figura di un re. Gli Accadi, antichissimo popolo mesopotamico, la chiamavano *Amil-gal-ur* [il Re della Sfera Celeste]; i Babilonesi *Sharru* [il Re]; o anche *LUGAL* (come si trova sulle tavole MUL.APIN), che ha il medesimo significato; i Greci la Stella del Re; Plinio la chiama Regia, gli Arabi la Reale e il Cuore del Leone Reale, di magnitudine 1.

10. La stella γ ha il nome di Algieba, termine che deriva secondo Kunitzsch dalla casa lunare preislamica *Al-jabha* [la Fronte], che comprendeva le stelle ζ, γ, η, α Leo, di magnitudine 2. Forse sono le stelle 60b, di magnitudine 5 e la stella 54.

11. Stella ι, di magnitudine 6.

12. Stella β o Denebola, è il nome moderno di questa stella derivato da *Al Dhanab al Asad* [la Coda del Leone], di magnitudine 1-2.

13. Stella ν di magnitudine 5 e la stella 31 di magnitudine 4.

14. Si tratta probabilmente della stella π, di magnitudine 4.

15. Stella θ Chertan. Secondo Kunitzsch il nome deriva della casa lunare preislamica *Al-khurtān* [le Due Piccole Costole], di magnitudine 3.

16. Stella χ, di magnitudine 4-5.

17. Stella δ Zosma. Il nome deriva probabilmente dal greco ζῶσμα [Cintura], che si credeva nel Rinascimento fosse stata usata in un testo greco medievale per descrivere questa stella. Invece il testo recava correttamente, seguendo Tolomeo, ὀσφύσ [il Fianco], di magnitudine 2-3. Un altro nome per questa stella è Duhr, che Ulugh Begh chiamò correttamente *Al Thahr al Asad* [il Dorso del Leone].

18. Stella σ, di magnitudine 4.

19. Stella υ, di magnitudine 5.

La Vergine raffigurata a Casa Provenzali.

# Costellazione della Vergine

L a parte più antica della figura è probabilmente la Spiga di grano, che deriva dalla mappa celeste dei Babilonesi, che la chiamavano KI.HAL[1] [*Shubultum*, la Spiga], la parte situata a sudest della futura costellazione della Vergine. Senza dubbio i Babilonesi trovarono una somiglianza tra il gruppo di stelle e uno stelo di grano maturo.

In MUL.APIN la Vergine è stata identificata con Shala, divinità femminile babilonese moglie di Adad,

Xilografia tratta dal *Poeticon Astronomicon* di Igino del 1482.

che non era Ishtar; ma i primi pittogrammi mostrano Isthar con dei leoni con in mano prodotti vegetali, quindi forse le caratteristiche di Shala derivavano da Ishtar.

La figura della Vergine coesisteva con una diversa costellazione babilonese, il Solco AB.SIN[2] (*Shir'u*); era ovviamente una delle costellazioni agresti. Comunque le due tradizioni erano identificate dalla descrizione in MUL.APIN: il Solco e la Spiga della dea Shala. In realtà il Solco sembra essere stato proprio Spica o dintorni, ma il nome fu poi applicato a tutto il segno zodiacale nell'ultima fase dell'astronomia babilonese anche se la figura era quella della dea con il Grano forse cresciuto dal Solco.

I Greci chiamarono questa stella στάχυσ [*Stáchys*, Spiga di grano]. Arato, Ipparco e Tolomeo chiamarono tale costellazione παρθένοσ, [*Parthenos*, la Vergine] e ancora Astrea figlia di Giove e di Temi, personificatrice della Giustizia, l'ultima ad abbandonare la Terra alla fine dell'età dell'oro.

Il latino usava il termine equivalente antico e consueto *Spica*, o più raramente *Spicum*. Igino la chiama: «*stellas quarum una, quae est in dextra manu, maior et clarior com spicis conspicitur*»[3]; e anche Manilio: «*spica feret*»[4].

Un'altra stella della costellazione, la ε (in tempi moderni conosciuta con il nome Vendemmiatrix), ricevette presso i Greci il nome particolare di προτρυγητήρ[5] [Annunciatore della Vendemmia] perché in epoca ellenica il suo levare eliaco avveniva quando la vendemmia era vicina.

Diversi fatti sembrano dimostrare che tale denominazione sia relativamente recente perché i Babilonesi videro in questo luogo un ramo di palma da datteri. Sebbene dal V secolo Euctemone[6] sembri aver conosciuto il nome προτρυγητήρ[7], [*Protrygeter*, Vendemmiatrice] esso è ignorato da Arato, è solo con Ipparco che se ne trova una citazione. Igino stesso ne cita testualmente il nome greco nel Libro III: «*quarum una stella quae est in dextra penna ad humerum defixa* προτρυγητήρ *aucatur*». Tolomeo nell'*Almagesto* la chiama: «*Borealis ipsarum et vocatur Previndemiatrix*»[8].

I primi creatori di asterismi vedevano in questa regione una fanciulla alata portante nella destra un ramoscello e nella sinistra una spiga. Non però nel soffitto ligneo di Casa Provenzali, dove la Vergine tiene nella mano destra una spiga di grano ma nell'altra il caduceo. Nell'edizione del *Poeticon* del 1482 edita a Venezia e in quella di Basilea del 1570 ha queste sembianze; mentre nelle edizioni di Colonia del 1524 ha nella mano destra una spiga e in quella sinistra nulla. Eratostene nei *Catasterismi*[9], associa alla costellazione della Vergine altri miti; secondo alcuni infatti è Demetra perché ha una spiga, per altri Iside, altri Atargati, altri Tyche e per quest'ultimo motivo la rappresentano senza testa[10].

La costellazione della Vergine nel soffitto ligneo era assai danneggiata a seguito dei distacchi di parti dipinte. In particolar modo

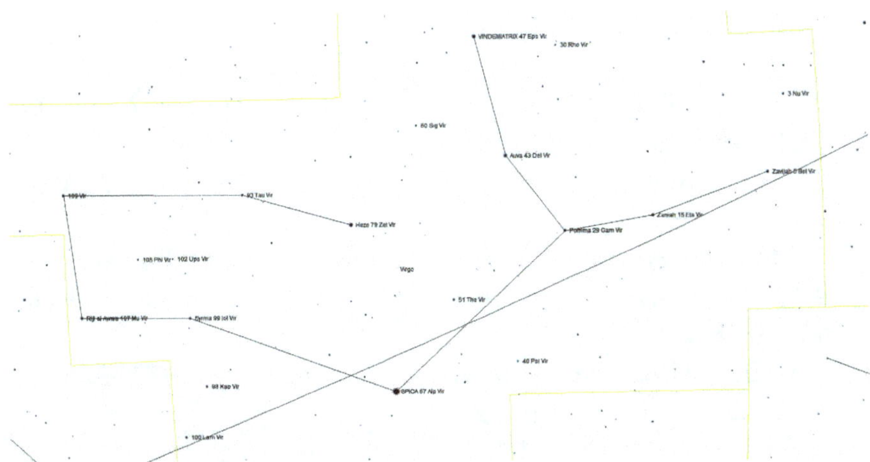

Mappa stellare della costellazione della Vergine.

l'ala destra era quasi del tutto caduta, mentre la parte sinistra presentava sì danni all'ala ma era il caduceo tenuto nella mano sinistra della Vergine a esserne maggiormente intaccato. Il volto della Vergine era privo del naso e dell'occhio destro, e del tutto mancante era la parte dell'addome con la conseguenza che tre stelle che componevano l'asterismo sono andate perdute. Infatti si contano sedici stelle, invece delle diciotto riportate da Igino.

La descrizione che Igino dà della Vergine nel *Poeticon* è la seguente:

Tramonta con la testa prima che con il resto del corpo. Sulla testa c'è una stella opaca[11], una su ciascuna spalla[12], due su ciascuna ala[13], delle quali una posta sull'ala destra vicino alla spalla si chiama Protrygetér; ha poi una stella su ciascuna mano[14], delle quali una, quella sulla destra, più grande e più brillante si dice che porti delle spighe. Sulla veste ha sette stelle[15] e una su ciascun piede[16]. Ha dunque in tutto diciotto stelle.

## Note di chiusura

1. Vedi A. le Boeuffle, *Les noms latins d'astres et de constellations*, Les Belles Letters, Parigi 2010, p. 165.

2. Vedi H. Rogers, *Origins of the ancient constellations: I. The Mesopotamian traditions*.

3. Cfr. Igino, *Poeticon Astronomicon*, Libro III, par. *De Virgine*.

4. Cfr Manilio, *Astronomicon*, Libro V, p. 724, ex editione Bentleiana Londra 1828, v. 271.

5. Vedi A. le Boeuffle, *Les noms latins d'astres et de constellations*, Les Belles Letters, Parigi 2010, p. 166.

6. Euctemone (460 a.C.- 390 A.C.), astronomo greco.

7. Vedi A. Scherer, *Gestirnnamen bei den indo-germanischen Volkern*, Heindelberg, 1953, p. 123, o E.J. Webb, *The names of the stars*, Londra 1952, p. 31.

8. Cfr. H.C. Peters, *Tolomeo, Ptolemy's catalogue of stars*, 1841, p. 38.

9. Vedi Eratostene, *Epitome dei catasterismi*, (a cura di) A. Santoni, ETS, Pisa 2009, p. 81.

10. La Fortuna è rappresentata cieca o senza volto. La stella ν che rappresenta la testa è molto debole, come riportato nel *Poeticon* di Igino nel Libro III, par. *De Virgine*: «*huius in capite est stella obscura una*».

11. Stella ν, dall'*Almagesto*: «*australis de duabus quae sunt in extremo craneo Virginis*», di magnitudine 5.

12. Stella δ di magnitudine 3 e la stella γ Porrima, il cui nome è di una delle due dee romane del parto. I disegnatori infatti a volte mettono un bambino in braccio alla giovane donna, che tra le altre associazioni era stata identificata con l'egiziana Iside, con il bambino Horus, di magnitudine 3.

13. Stella ε Vindemiatrix [Annunciatrice della Vendemmia], il suo sorgere eliaco segnava l'inizio della vendemmia. La stella è stata anche chiamata Almuredin, nome prodottosi a seguito di trascrizioni errate del nome greco προτρυγητήρ, questo fu tradotto in arabo come *Al-mutaqaddim li-l-qattāf* [Quella che precede la Vendemmia], è di magnitudine 3-2. È la stella ρ alla destra, dall'*Almagesto*: «*praecedens*

*de tribus quae in dextra borealique ala»*, di magnitudine 5. La stella β Zavijava, che deriva dall'arabo *Az zāwiyat al'awwā'* [Intorno al Cane che abbaia], di magnitudine 3. E la stella η Zaniah, che deriva dall'arabo *Az zāwiya* [l'Angolo], sull'ala sinistra, di magnitudine 3.

14. La stella sulla mano destra è α Spica. Il nome viene dal latino e significa spiga, con chiaro riferimento alla spiga di grano che la Vergine regge nella mano sinistra nelle antiche rappresentazioni. Dall'*Almagesto*: *«quae in extremitate manus sinistrae et vocatur Spica»*. Il nome arabo *Al Simak al A'zal* [il Disarmato] appare in una gran varietà di traslitterazioni nelle fonti medioevali, ad esempio un'edizione dell'*Almagesto* del 1515 in cui viene chiamata Aschimec Inermis, o nelle *Tavole Alfonsine* dov'è chiamata Inermis Asimec. Bayer la chiama Alaazel e diversi altri autori quali Riccioli e Schickard, pur deformando vistosamente il nome, lo derivano certamente dall'origine araba, di magnitudine 1. La stella σ, di magnitudine 4.

15. Stella ζ di magnitudine 3 e la stella θ di magnitudine 4. La stella ι Syrma, traslitterazione della parola greca σύρμα [Strascico del Vestito], parola data da Tolomeo per descrivere tutto questo gruppo di stelle κ, τ, 82m, φ, ψ la 61 e 74, di magnitudine 5.

16. Stella λ, di magnitudine 4. Dall'*Almagesto*: *«quae in extremitate sinistri pedis atque australis»*. E la stella μ: *«quae in extremitate dextri pedis atque borealis»*, di magnitudine 3.

La Bilancia raffigurata a Casa Provenzali.

# Costellazione della Bilancia

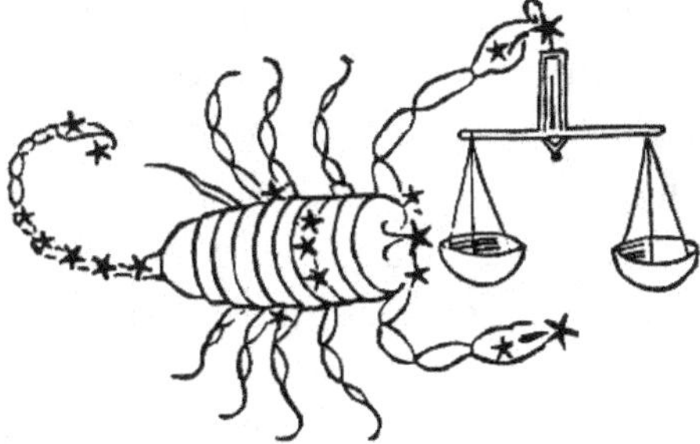

Xilografia tratta dal *Poeticon Astronomicon* di Igino del 1482.

La Bilancia è una costellazione relativamente recente che deriva dalla separazione delle Chele dello Scorpione dal resto della costellazione.

Quando si volle assegnare al Sole un segno per ciascun mese dell'anno le undici costellazioni zodiacali allora esistenti dovettero portarsi a dodici (il numero dodici è divisibile per se stesso, per sei, per quattro, per tre e per due e questo permise di creare quattro stagioni di tre mesi l'una). Si fece quindi una scissione dello Scorpione.

L'origine di tale figura è dibattuta; sembra che già i Babilonesi chiamassero questa parte della sfera celeste ZI.BA.AN.NA [*Zibanitum*, la Bilancia del Cielo[1]] ma la considerassero facente parte dello Scorpione. È stata anche ipotizzata un'origine egiziana sebbene sia improbabile perché Eudosso, che si era recato in Egitto[2] per studiare l'astronomia, non la citò mai come costellazione a sé stante ma la considerava come facente parte dello Scorpione. Lo stesso Ipparco presenta in questo modo la dottrina di Eudosso: «il secondo cerchio in cui avvengono le rotazioni estive: in quella posizione c'è il centro del Cancro. Il terzo è il cerchio in cui si svolgono gli equinozi; in esso si trova il centro dell'Ariete e della Chela. Il quarto, in cui si verificano le rotazioni invernali, è nel mezzo del Capricorno»[3].

La costellazione veniva identificata come il segno in cui le stagioni sono in equilibrio tra loro e le ore del giorno sono uguali a quelle della notte[4]. I Greci la chiamavano χηλαί, (*Chilaî*), termine usato semplicemente per indicare la regione dello Scorpione[5]. Dopo Arato, Eratostene e Ipparco i Greci cominciarono a chiamare le Chele *Zigos*; i grecisti dicono che significa propriamente il giogo al quale i buoi venivano legati all'aratro.

Forse, anche se non è certo, la costellazione fu creata ai tempi dell'imperatore Augusto, come indicano questi versi di Virgilio nelle Georgiche: «E tu, che dovrai entrare un giorno nel consiglio degli dei, tu, o Cesare! Vuoi tu, nuovo astro d'estate, collocarti fra la Vergine Erigone e le morse dello Scorpione? Già innanzi a te questo ardente animale ritrae le sue branche per lasciarti nel cielo uno spazio sufficiente»[6]. Il fatto che la costellazione probabilmente sia stata creata ai tempi di Augusto è riportato anche da Giovanbattista Riccioli, il quale afferma che Plinio e Svetonio sostengono nel penultimo capitolo di Cesare[7] che nello spazio tra la Vergine e le Chele dopo la morte di Giulio Cesare era apparsa una cometa per sette giorni. Augusto consacrò a lei i giochi poiché fu creduta essere l'anima di Cesare ritornata in cielo. Forse Virgilio rivolse la sua attenzione lassù in quel punto affinché Augusto occupasse come congiunto il luogo in cielo vicino a Giulio Cesare[8].

Alle due Chele dello Scorpione uguali e ugualmente appaiate si deve il nome di Bilancia, ed è Macrobio che lo afferma: «*priorem partem Scorpionis, cui zigos apud greco nomen est, nos libram vocamus*»[9]. Secondo la tendenza di voler rappresentare i segni zodiacali con l'aspetto di esseri antropomorfi la Bilancia era vista come un uomo[10] che portava una stadera[11], così come la Vergine portava in mano una spiga di grano e l'Acquario un vaso da cui versava dell'acqua nella bocca del Pesce Australe. La figura della Bilancia divenne poi femminile e rappresentata come la Vergine-Giustizia con la bilancia in mano. Nella mitologia la costellazione fu associata a Bacco[12], data la concomitanza con il tempo della vendemmia. Tuttavia l'identificazione della costellazione della Bilancia con Bacco

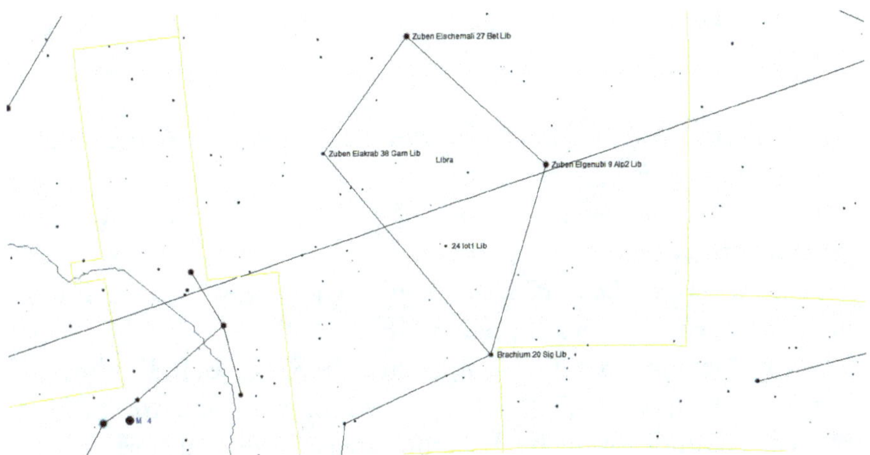

Mappa stellare della costellazione della Bilancia.

non ha avuto molta considerazione. Infatti seguendo l'usanza che ogni segno zodiacale sia da associare a una divinità olimpica, la Bilancia fu posta sotto la tutela non di Bacco ma di Vulcano; così la descrive Manilio nell'*Astronomicon*: «la Libra invece a Vulcano, il quale l'ha forgiata»[13].

La costellazione della Bilancia nel soffitto ligneo di Casa Provenzali è rimasta pressoché integra e le stelle che ne costituiscono le astrotesie sono ben visibili al suo interno, permettendo così di svolgere un accurato confronto con la disposizione stellare che Igino dà nella sua *Poetica*:

Ha due stelle su ciascuna di quelle che vengono dette Chele, di cui le prime sono più luminose[14].

*Note di chiusura*

1. Vedi A. le Boeuffle, *Les noms latins d'astres et de constellations*, Les Belles Letters, Parigi 2010, p. 170.

2. Cfr. Diogene Laerzio, *Vite dei filosofi*, VIII 87, o anche M. Bailly, *Storia dell'astronomia*, 1791, p. 19.

3. Cfr. D. Testa, *Lo Zodiaco di Dendera*, nota 2, Ad Arati et Eudoxi phenomena, enarrationes Hipparchi, 1822, p. 48.

4. Cfr. Manilio, *Astronomicon*, (a cura di) S. Feraboli, E. Flores, R. Scarcia, Libro II, vv. 242-243, p. 121: «… e il compartecipe Ariete osserva sotto eguale condizione la Bilancia che pareggia le ore del giorno».

5. Cfr. Arato, *Fenomeni*, v. 89; Eratostene, *Catasterismi*, p. 77.

6. Cfr. Virgilio, *Georgiche*, I, 208.

7. Cfr. Svetonio, *Vita dei Cesari*, LXXXVIII, «Morì nel cinquanta-seiesimo anno di età e venne annoverato nel numero degli dèi… durante i primi giuochi che il suo erede Augusto indisse in suo onore dopo la sua apoteosi, splendette per sette giorni consecutivi una cometa che sorgeva verso l'ora undicesima, e si credette che fosse l'anima di Cesare assurta in cielo», traduzione di F. Dessì, editore BUR 2019, p. 145.

8. Cfr. G.B. Riccioli, *Almagestum Novum*, p. 401.

9. Cfr. Macrobio, *Saturnal*, 12 lib.

10. Vedi A. le Boeuffle, *Les noms latins d'astres et de constellations*, p. 173.

11. Cfr Manilio, *Astronomicon*, Libro II, v. 529: «Umano è l'aspetto della Libra, difforme quello del Leone», p. 147; questo segno era rappresentato da una donna che regge una Bilancia.

12. Cfr. *Ibidem*, Libro IV, v. 204, p. 540: *«per noua maturi post annum munera Bacchi».*

13. Cfr. *Ibidem*, Libro II, v. 442, p. 139.

14. Stella α Zubenelgenubi. Per l'antica astronomia greca questa stella designava la Chela meridionale dello Scorpione. Il nome Zubenel-genubi deriva dall'arabo *Al Zubānā al Janūbī*, ma anche Kiffa Australis [il Piatto Australe della Bilancia], mescolanza di arabo e latino. Nella

versione latina dell'*Almagesto* viene definita da Tolomeo: «*fulgens earum quae sunt in extremitate australis forficis*», è di magnitudine 2. La stella β Zubeneschamali, derivato dall'arabo *Al Zubānā al shamālī* [la Chela settentrionale dello Scorpione], o Kiffa Borealis, di magnitudine 2. Nella versione latina dell'*Almagesto* viene definita da Tolomeo: «*fulgens earum quae sunt in extremitate borealis forficis*». Sono la stella ι di magnitudine 4 e la stella γ di magnitudine 4.

Lo Scorpione raffigurato a Casa Provenzali.

# Costellazione dello Scorpione

Questo gigantesco Scorpione era già disegnato nello stesso punto nella sfera babilonese chiamato GIR.TAB[1] [*Aqrabu*, lo Scorpione]; l'incarnazione astrologica della dea Ishara, divinità di tutte le regioni abitate. I Romani usavano per designare lo Scorpione anche il vocabolo africano, forse punico, *Nepa*[2]. Va anche notato che nella teoria astrologica secondo la quale ogni regione terrestre è soggetta a un segno zodiacale Cartagine, e quindi la Libia, sono sotto l'influenza dello Scorpione[3]. Poiché la costellazione dello Scorpione si trova molto a sud rispetto all'equatore celeste non tutte le stelle che lo compongono sono visibili dall'Italia settentrionale. La stella più brillante della costellazione Antares [Rivale di Marte] deve il suo nome al colore rosso, simile a quello del pianeta guerriero.

Nel luglio del 164 A.C. nella costellazione dello Scorpione apparve la prima *stella nuova* di cui si ha una citazione negli annali di astronomia. Ignoriamo la posizione precisa, comunque verso la testa dello Scorpione e non lontano dalla stella β. Sicuramente l'evento fu visibile dalle varie parti del globo, dato che la *stella nuova* è riportata sia dai Greci che dai Cinesi nei loro annali astronomici come un avvenimento importante. Un elenco cinese delle stelle nuove [*Ke-Sing*, Forestieri di strana fisionomia[4]] apparse nel cielo riporta come prima la nova del 164 A.C. Plinio riferisce che fu grazie a quest'avvenimento che Ipparco iniziò la compilazione del suo famoso catalogo stellare affinché le generazioni successive potessero verificare se ci fossero stati dei cambiamenti nel cielo. La cosa può essere verosimile perché, come ci dice Tolomeo, il catalogo di Ipparco si riferisce al 127 A.C. Voglio solo ricordare che nell'827 D.C. fu osservata dagli astronomi arabi Haly e Gianfar Ben-Mohammed Albumasar a Babilonia una stella nuova «il cui splendore eguagliava quello della Luna al primo quarto, e durò quattro mesi»[5].Il racconto mitologico più generalmente diffuso è il seguente: Orione si era vantato di essere superiore ad Artemide nella

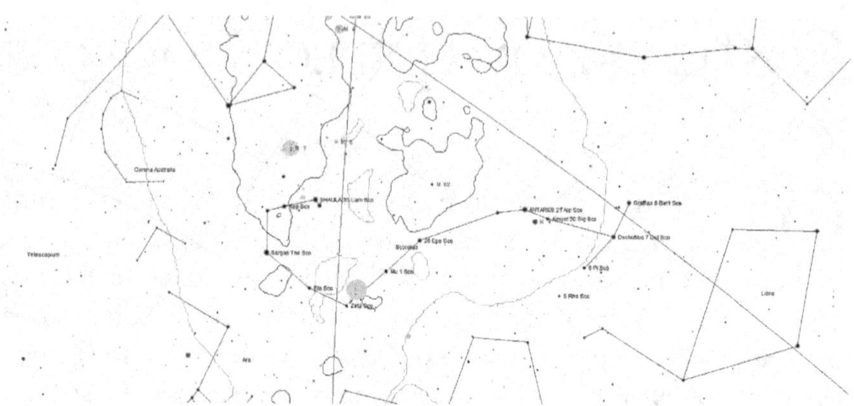

Mappa stellare della costellazione dello Scorpione.

caccia e di poter uccidere qualunque creatura nata dalla Terra, Gea. Pertanto Gea mandò contro di lui uno Scorpione, il quale lo punse nel tallone e lo fece morire. Giove, ammirato dal coraggio di entrambi, li collocò nel firmamento. Per questo la costellazione di Orione fugge eternamente da quella dello Scorpione e quando l'una sorge, l'altra tramonta. Il restauro dello Scorpione ha permesso di mettere in evidenza le stelle che compongono la costellazione e che compareremo con la *Poetica* di Igino:

Tramonta obliquamente e sorge con le Chele alzate. Ha due stelle su ciascuna di quelle che vengono dette Chele, di cui le prime sono più luminose; ha tre stelle sulla fronte, delle quali la mediana è luminosissima[6], e tre sul dorso[7], due sul ventre[8], cinque sulla coda[9] e due sul pungiglione con cui si ritiene che colpisca[10]. In totale sono diciannove stelle.

## Note di chiusura

1. Vedi A. Florisone, *Astres et constellations des Babyloniens*, 1951, p. 158.
2. Cfr. Paul Festus (p. 163, 12 M.): «*Nepa Afrorum lingua sidus quod Cancer appellatur, uel, ut quidam uolunt , Scorpios*». Nepa è la stella della lingua africana che si chiama Cancro, o come alcuni vogliono lo Scorpione.

Cicerone negli *Aratea e Prognostica* v. 418 scrive: «*Cum uero uis est uehemens exorta Nepai*», che identifica la levata dello Scorpione. Anche nell'*Almagestum Novum* G.B. Riccioli a p. 401 riporta che Cicerone la chiama Nepa.

3. Cfr. Manilio, *Astronomicon*, Libro IV, v. 780, p. 648.

4. Vedi C. Flammarion, *Le stelle e le curiosità del cielo*, Sonzogno, Milano 1904, p. 410.

5. Vedi *Ibidem*, p. 411.

6. Stella β Acrab, deriva dal nome preislamico della costellazione *Al-'aqrab* [lo Scorpione]. La stella era anche conosciuta con il termine Graffias, che è una parola romanza latinizzata che significa chele. La stella δ Dschubba deriva da un'abbreviazione del nome islamico *Jabhat al-'aqrab* [la Fronte dello Scorpione], attribuito alle stelle β, δ, π Scorpi, sono tutte e quattro di magnitudine 3.

7. Le stelle ν, ρ e la stella σ Al Niyat, che deriva dal nome preislamico *Al-niyāt* [le Arterie], con cui si indicavano le stelle σ, π, di magnitudine 3. Antares, che si trova fra le Arterie, costituiva il gruppo preislamico *Qalb al-'aqrab* [il Cuore dello Scorpione].

8. Stella α Antares. Il suo antico nome greco Αντάρεσ [la Rivale di Marte, in greco Ares], Paul Kunitzsch ritiene invece che significhi [come Marte]. Dall'*Almagesto*: «*media ipsarum et subrufa quae vocatur Antares*», di magnitudine 2. Nella cultura babilonese era conosciuta con il termine GABA.GIR.TAB. La stella τ, di magnitudine 3.

9. Le stelle ε, μ, ζ, η, stella θ Girtab, derivato dal nome della costellazione sumerico-babilonese GIR.TAB [lo Scorpione]. Questo fu tradotto dai Babilonesi come Aqrabu, che venne poi arabizzato in *Al-'aqrab*. La stella si chiamava anche Sargas, nome di origine sumerica ŠÁR.GAZ, adottato per una coppia di stelle; l'altra essendo ŠÁR.ÙR. si tratta dei nomi delle due armi del dio Marduk, che potrebbe aver designato rispettivamente la υ e la λ, di magnitudine da 2 a 4. La stella υ viene chiamata da Tolomeo con "agglomerato nebbioso", in questo caso il riferimento è all'ammasso aperto M7. Il termine fu tradotto dagli Arabi in *Al-latkha* [la Macchia]. Questa parola venne corrotta nei testi latini medioevali in Alascha, che fu usata nei testi astrologici per indicare la Coda dello Scorpione. Nel Medioevo gli si attribuì erroneamente la derivazione di Alascha alla parola araba *las'a* [puntura, morso] e in seguito tale parola venne trascritta come *lesath*.

10. La stella κ, «*quae in septimo spondilo juxta aculeum*» e la stella λ Shaula, nome derivato dall'arabo *Al-shaula* [il Pungiglione dello Scorpione] e nell'*Almagesto*: «*seques de duabus quae in aculeo sunt*», entrambe di magnitudine 3.

Il Sagittario raffigurato a Casa Provenzali.

# Costellazione del Sagittario

Questa costellazione deve aver subito nei secoli diverse influenze straniere e di conseguenza differenti mutamenti in parte consistenti. Sembra però che l'elemento base, o almeno il più riconoscibile in cielo, sia l'insieme di otto stelle che suggerisce la forma di un arco e di una freccia. Potrebbe quindi essere esistita la figura di un uomo in piedi che tirava un arco; infatti l'asterismo ha

Xilografia tratta dal *Poeticon Astronomicon* di Igino del 1482.

ricevuto il più delle volte il nome di Arciere, senza alcuna allusione necessaria all'aspetto di un centauro. Probabilmente l'immagine stellare della costellazione deve essere stata influenzata da rappresentazioni di tipo non astronomico quali divinità mostruose e fantastiche. Infatti su antichi monumenti babilonesi compare un uomo con la coda di scorpione, oppure un centauro quadrupede alato[1]. Già nella sfera babilonese il Sagittario era assimilato al dio guerriero PA.BIL.SAG., un dio sumero poco conosciuto poi identificato con Ninurta che univa questi elementi e indossava una tiara[2]. Tuttavia è anche denominato con un altro nome babilonese, Nedu[3] [Soldato], era anche il guardiano degli inferi; forse deriva da una tradizione diversa e non sappiamo se avesse arco e frecce.

Plinio il Vecchio nell'opera *Naturalis Historia* afferma[4] che fu Cleostrato di Tenedo ad aver introdotto durante il VI o V secolo A.C.

questa costellazione nello zodiaco greco. In greco l'asterismo era quindi chiamato Τοξότησ [*Toxótis*, l'Arciere], termine sostenuto fin dai tempi di Democrito e di Eudosso; mentre in latino il nome divenne *Sagittarius* [l'Uomo con la Freccia, l'Arciere]. Nell'*Almagestum Novum* Riccioli chiama la costellazione dello Scorpione con il nome caldeo Kertko [l'Arciere][5].

Una nova straordinariamente brillante apparve in basso nella costellazione nel maggio 1012, è riportata negli annali di Epidanno[6] e definita di splendore abbagliante (*oculus verberans*), restò visibile per tre mesi. Gli annali cinesi di Ma Touan Lin riportano la stessa cronaca, ma la registrano invece nel 1011[7]. Nei *Catasterismi* Eratostene afferma[8] che questo è l'Arciere, anche se altri dicono che è il Centauro; ma poiché nella figura non sono visibili quattro zampe e poiché nessuno dei centauri tira con l'arco, questo è un uomo con le zampe e coda di cavallo come i satiri.

Igino riprende integralmente, facendone un riassunto del mito preso dai *Catasterismi* di Eratostene. La costellazione del Sagittario sarebbe Croto (Κρότοσ significa "applauso"), figlio di Pan e di Eufeme. Croto vivendo sull'Eliconda era diventato un cacciatore abilissimo e un esperto di musica: perciò Zeus, esaudendo una preghiera delle muse sue sorelle che gli erano grate, lo aveva trasformato in cielo in figura semiumana nelle quali le zampe equine stanno a indicare le sue doti di cacciatore a cavallo e le frecce l'acutezza del suo ingegno.

Il gruppo di deboli stelle che successivamente costituiranno la costellazione della Corona Australe poste nelle zampe anteriori del Sagittario sono già riportate da Arato nei *Phaenomena*[9]. Eratostene identifica in sette queste stelle, che chiama della Nave, poste sotto la zampa del Sagittario e sono simili in luminosità.

Le sette stelle non sono state rappresentate a Casa Provenzali, infatti dalle fotografie eseguite dai restauratori prima dei lavori di recupero del soffitto ligneo non sono presenti; è presente invece un'unica stella posta nello zoccolo. Nel soffitto la lunetta contenente la costellazione del Sagittario è rimasta pressoché integra e

Mappa stellare della costellazione del Sagittario.

il restauro ben eseguito non ha messo in evidenza un particolare
fondamentale visibile nell'edizione del *Poeticon* del 1482, cioè che
tra le zampe di quello che appare come un "centauro" manca la
lancia. Questo possibile errore troverebbe una giustificazione se le
maestranze che lavorarono al soffitto ligneo utilizzarono per rappresentare la costellazione del Sagittario un'altra pubblicazione del
*Poeticon*, forse l'edizione del 1570 in cui il Sagittario è privo della
lancia. La raffigurazione delle stelle dopo il restauro è conforme
ai *Catasterismi* di Eratostene; solo la stella posta sulla coda non è
stata recuperata durante il restauro poiché la zona era danneggiata
e della coda del Sagittario non rimanevano che poche tracce.

Igino descrive così nel *Poeticon* la costellazione del Sagittario:

Tramonta a testa in giù e sorge eretto. Ha sul capo due stelle[10], due
sull'arco[11], una sulla freccia[12], una sul gomito destro[13], una sulla mano
anteriore[14], una sul ventre[15], due sulla schiena[16], una sulla coda[17], una sul
ginocchio anteriore[18], una sul piede[19], una sul ginocchio inferiore[20], una
sul polpaccio[21]. In totale quindici. La Corona del Centauro ne ha altre
sette».

*Note di chiusura*

1. Vedi A. de Boeuffle, *Les noms latins d'astres et de constellations*, p. 174.

2. Cfr. F. Boll, *Sphaera*, Lipsia 1903, p. 181.

3. Vedi H. Rogers, *Origins of the ancient constellations: I. The Mesopotamian traditions*.

4. Cfr. Plinio, *Naturalis Historia*, II, 31.

5. Vedi G.B. Riccioli, *Almagestum Novum*, p. 401.

6. Cfr. *Annali scientifici Scienze-Fisiche-Matematiche* di Janni-Buondonno, Napoli 1857, p. 51.

7. Cfr. *Ibidem*.

8. Vedi Eratostene, *Epitome dei catasterismi*, (a cura di) A. Santoni, ETS, Pisa 2009, p. 121.

9. Cfr. Arato, *Fenomeni*, (a cura di) V. Lanzara, Garzanti 2020, vv. 399-400.

10. In realtà sono quattro $\nu$, $\xi$, o e $\pi$, di magnitudine 4.

11. La stella $\varepsilon$ Kaus Australis di magnitudine 3 e la stella $\lambda$ Kaus Borealis, derivato dall'arabo *Al-qaus* [l'Arco], di magnitudine 3.

12. Stella $\gamma$ Alnasl, nome derivato dall'arabo *Al-nasl* [la Punta], abbreviazione del nome che compare nell'*Almagesto Nasl al-sahm* [la Punta della Freccia], di magnitudine 3.

13. Stella $\chi$ *«quae in humero dextro»*, di magnitudine 5, o della 52h *«quae in cubito dextro»*, di magnitudine 4.

14. Stella $\delta$ Kaus media, di magnitudine 3.

15. Stella $\zeta$ Ascella, vocabolo derivato dall'*Almagesto* latino medievale per descrivere questa stella: *«reliqua et quasi sub axilla»*, di magnitudine 3.

16. Stella $\tau$ di magnitudine 4-3 e la stella $\psi$ di magnitudine 5.

17. Stella $\omega$ o R, di magnitudine 5.

18. Stella $\alpha$ Rukbat, termine derivato dall'arabo *Rukbat al-rāmī* [il Ginocchio dell'Arciere], dall'*Almagesto*: *«que in genu ejusdem pedis»*, di magnitudine 2-3.

19. La stella a destra è la η, di magnitudine 3. Mentre a sinistra la stella β Arkab, il cui nome deriva dall'islamico *'Urqūb al- rāmī* [il Tendine di Achille dell'Arciere]. Nell'*Almagesto* è descritta come: «*quae in anteriori sinistro talo*», di magnitudine 2.

20. Stella θ, di magnitudine 4.

21. Stelle ι o χ, entrambe di magnitudine 4-5.

Il Capricorno raffigurato a Casa Provenzali.

# Costellazione del Capricorno

La costellazione del Capricorno, sebbene non sia tanto appariscente essendo costituita da stelle non molto brillanti, ha in realtà un'origine antica risalente alla civiltà mesopotamica. I Babilonesi raffiguravano sui loro monumenti un mostro mezzo pesce e mezzo capra e nella loro uranografia il "pesce-capra" SUHUR-MÀSH-HA[1] (*Suhuru*) occupava il posto che corrisponde all'odierna costellazione del Capricorno. Al tempo di Eratostene e di Ipparco il solstizio invernale si trovava ancora in questa costellazione, anche

Xilografia tratta dal *Poeticon Astronomicon* di Igino del 1482.

se attualmente il solstizio d'inverno si è spostato per la precessione degli equinozi nella costellazione del Sagittario. L'origine egizia della costellazione è meno probabile nonostante alcune analogie (il decano del Montone è nello stesso settore del cielo[2]), poiché l'immagine del Capricorno comparve sullo zodiaco egizio solo nell'era ellenistica. L'animale è stato originariamente concepito come un mostro acquatico Αἰγοχερεύσ [Cornuto come una capra], che è il nome greco più antico della costellazione, come riportato da Arato[3]. Nel Libro II del *Poeticon* Igino descrive due leggende che riguardano la costellazione del Capricorno. La prima è un riassunto della leggenda contenuta nei *Catasterismi*[4] di Eratostene, dove narra che questo personaggio era Egipan, fratello di latte di Giove, che lo aiutò nella lotta contro i Titani. Sembra fosse stato lui a scoprire la conchiglia con la quale

213

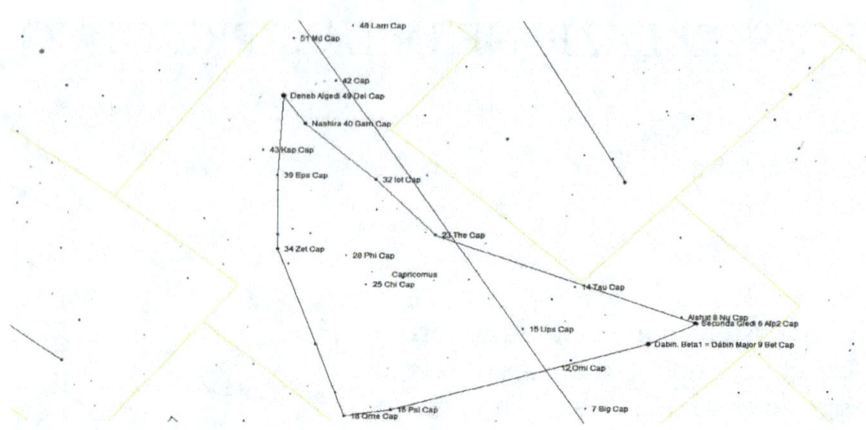


Mappa stellare della costellazione del Capricorno.

armò gli dei alleati; questa conchiglia è detta *Panicon* [Terrorizzante] per via del suono di rimbombo che produce, e di fronte a lui i Titani fuggirono. Dopo che ebbe preso il potere Giove lo mise tra le stelle insieme alla Capra, sua madre. Igino riporta anche una seconda versione che riguarda una leggenda egizia. In essa racconta che molti dei si trovarono radunati in Egitto e all'improvviso piombò su di loro il gigante Tifone, un mostro violento figlio di Gea e loro nemico. Gli dei, intimoriti, assunsero diverse forme: Mercurio divenne un ibis; Apollo l'uccello che in lingua tracia si chiama *aute*; Diana prese la forma di una gatta; Pan si tuffò in un fiume, diede alla parte posteriore del suo corpo la forma di un pesce, all'altra la forma di una capra e così riuscì a sfuggire al mostro Tifone. Giove ammirato per la sua trovata lo pose tra le stelle. Il cassettone che contiene la costellazione del Capricorno a Casa Provenzali era deteriorato e il restauro ha potuto far vedere solo la testa del Capricorno e le zampe anteriori e posteriori, lasciando intravedere la sagoma del corpo. Il particolare importante della raffigurazione è che il Capricorno non ha la tradizionale coda a forma di pesce ma quattro zampe, mentre nell'edizione del *Poeticon* del 1482 ha una coda di pesce, oltretutto annodata. Esistono altre rappresentazioni del Capricorno raffigurate nella *Poetica* di Igino in cui il capricorno ha quattro zampe, come l'edizione del 1570.

Le stelle del Capricorno sono così descritte nel poema di Igino:

Tramonta con la testa in avanti e sorge verticalmente. Ha una stella sul naso[5], una sotto la nuca[6], due sul petto[7], una sul piede anteriore[8], un'altra sul medesimo[9], sette sulla schiena[10], sette sul ventre[11], due sulla coda[12]. In tutto sono ventidue stelle[13].

Molte stelle che componevano l'asterismo sono andate perdute ma quella posta sul muso, le due stelle nello zoccolo destro e quella sul collo si sono conservate conformi alla xilografia del 1482.

## Note di chiusura

1. Vedi A. le Boeuffle, *Les noms latins d'astres et de constellations*, p. 176.

2. Vedi W. Gundel, *Dekane und dekansternbilder*, Amburgo 1936, p. 333.

3. Cfr. Arato, *Fenomeni*, (a cura di) V. Lanzara, Garzanti 2020, v. 284.

4. Vedi Eratostene, *Epitome dei catasterismi*, (a cura di) A. Santoni, ETS, Pisa 2009, p. 119.

5. Stella σ, di magnitudine 5.

6. Stella τ, «*boreahor duarum quae sunt in collo*», di magnitudine 6.

7. Stella o di magnitudine 6 e la stella υ di magnitudine 5.

8. Stella ψ, dall'*Almagesto*: «*quae sub genu dextro*», di magnitudine 4.

9. Stella ω, «*quae est in genu sinistro atque flexo*», di magnitudine 4.

10. La stella γ Naschira, nome derivato dall'arabo *Sa'd nāshira*, che indicava le stelle γ, δ Cap, di magnitudine 3. La stella δ Deneb Algedi, il cui nome deriva da *Al Dhanab al Jady* [Coda del Capricorno], di magnitudine 3. Le stelle ε, κ, ι e 42, di magnitudine 4.

11. Stella ζ di magnitudine 4 e le stelle η, φ, χ, 36b, di magnitudine 5.

12. Stelle λ, μ, entrambe di magnitudine 5.

13. È sorprendente come Igino non citi le due stelle sulle corna: la stella α Algedi, che deriva dal nome islamico della costellazione del Capricorno *Al-jady* [il Capretto]; e la stella β Dabih, il cui nome deriva secondo Kunitzsch da *Sa'd al-dhābih* di cui un possibile significato è "le Stelle fortunate della Macellazione", entrambe di magnitudine 3.

L'Acquario raffigurato a Casa Provenzali.

# Costellazione dell'Acquario

Xilografia tratta dal *Poeticon Astronomicon* di Igino del 1482.

Nella costellazione dell'Acquario una quantità di stelle deboli che senza essere perfettamente allineate tracciano una specie di allineamento curvilineo può rendere l'idea di un corso d'acqua che discende dal nord presso un gruppo di quattro stelle che servirono per disegnarvi un vaso o un'anfora da cui scaturisce l'acqua, il cui corso finisce a sud e termina sulla stella Fomalhaut, la α del Pesce Australe. La figura umana fu aggiunta dai cartografi per dare un sostegno a questo vaso, così come la Vergine aveva il ruolo di sorreggere la Spiga e l'Ofiuco il Serpente. Ritroviamo in questa costellazione la tendenza a umanizzare le immagini stellari e soprattutto i segni zodiacali, evidentemente sotto l'influenza di astrologi e mitografi. Inoltre la figura completa dell'Acquario può essere spiegata presupponendo che abbia subito delle metamorfosi attraverso varie culture. In Egitto[1] tre Brocche rappresentavano diversi decani che erano in parte nel settore dell'Acquario; da lì potrebbe venire la sola Brocca della costellazione classica. D'altra parte l'origine del carattere umano sarebbe da ricercarsi tra i Babilonesi, che chiamavano l'Acquario GU-LA [il Magnifico, che riversa gioia e abbondanza], divinità maschile che incarna il potere purificatore e rigenerante dell'acqua[2]. In greco questa costellazione era chiamata *Hydrochos* sin da Arato, che afferma: «Altre stelle tra la Balena Celestiale e il Pesce si aggirano nel mezzo, sparpagliate sotto l'Acquario senza vigore e nome»»[3]. Arato vede in questa costellazione un "annunciatore di piogge", cioè l'inizio della stagione delle piogge. Secondo Igino l'Acquario rappresenterebbe Ganimede rapito da Zeus che si era innamorato di lui; ricorda la sua presenza in cielo nella costellazione dell'Acquario in relazione alla sua posizione di coppiere degli dei. Offre anche altre

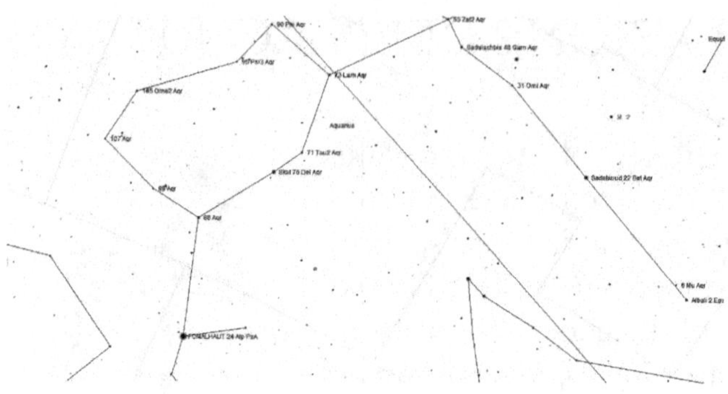

Mappa stellare della costellazione dell'Acquario.

spiegazioni di questo segno: si diceva che l'Acquario rappresentasse Deucalione, sotto il cui regno era avvenuto il diluvio universale, oppure Cecrope, l'antico re ateniese che visse in un'epoca in cui il vino non era ancora stato introdotto tra gli uomini. La costellazione nel soffitto ligneo di Casa Provenzali si è conservata pressoché integra e l'accurato restauro ci fornisce una ulteriore prova che in esso è rappresentato in modo preciso il *Poeticon* di Igino. E la prova innegabile sta nel numero di stelle contenute nell'astrotesia: Igino conta quattordici stelle, mentre nei *Catasterismi* Eratostene ne conta diciassette; entrambi sono ancora in disaccordo sul numero di stelle che compongono il fiotto di acqua che viene versata. Secondo Eratostene sono trentuno stelle, mentre Igino afferma trenta; ma entrambi attestano che solo due sono stelle brillanti. Mentre Eratostene non ne indica la posizione, Igino specifica pure quali stelle siano la prima e l'ultima. L'artista che ha lavorato al soffitto ligneo di casa Provenzali ha raffigurato con stelle più grandi, e quindi più luminose, sia la prima che l'ultima del fiotto d'acqua. Igino deve avere interpretato male il testo di Eratostene e quindi il numero di stelle contenuto nei *Catasterismi*[4]; ma l'errore nel testo di Igino si riflette integralmente nella costellazione dell'Acquario del soffitto ligneo di Casa Provenzali, divenendo prezioso per la conferma della fonte principale, cioè il *Poeticon Astronomicon*. Solo la stella che dovrebbe trovarsi nell'incavo delle reni non c'è, l'artista l'ha rappresentata come quattordicesima ma sul tallone della gamba sinistra, dove evidentemente manca nella xilografia del 1482. La costellazione dell'Acquario viene descritta in questo modo da Igino:

Al tramonto e alla levata dell'Acquario la testa precede il resto del corpo. Ha due stelle opache sulla testa[5], una su ciascuna spalla[6], entrambe brillanti; una assai luminosa sul gomito sinistro[7], una sulla mano davanti[8], una su ciascuna mammella[9], entrambe opache, una nell'incavo del rene[10], una su ciascun ginocchio[11], una sulla gamba destra[12], una su ciascun piede[13]. In tutto quattordici. Il fiotto d'acqua, urna compresa, ha trenta stelle ma di queste brillano solo la prima e l'ultima[14].

## Note di chiusura

1. Vedi W. Gundel, *Dekane und dekansternbilder*, Amburgo 1936, p. 6.

2. Vedi A. Florisone, *Astres et constellations des Babyloniens*, 1951, pp. 159 e 161.

3. Cfr. Arato, *Fenomeni*, (a cura di) V. Lanzara, Garzanti 2020, v. 389.

4. Vedi Eratostene, *Epitome dei catasterismi*, (a cura di) A. Santoni, ETS, Pisa 2009, p. 117.

5. Stelle 25d, 26, di magnitudine 5.

6. Stella α Sadamelik, nome di origine araba *Al Sa'd al Malik* [Stelle Fortunate del Re], di magnitudine 3. La stella β Sadalsuud deriva il nome dall'arabo *Sa'd al Su'ūd* [la Più Fortunata delle (stelle) Fortunate], di magnitudine 3.

7. Stella ν, di magnitudine 3.

8. Stella ε Albali, nome che deriverebbe dall'arabo *Bāli* [Inghiottitore], usata in una discussione di epoca islamica riguardante la casa lunare sa'd bula, divenne *Al Sa'd al Bula'* [La Buona Fortuna dell'Inghiottitore (Divoratore)], è di magnitudine 3.

9. Stelle o, ξ, di magnitudine 5.

10. Stella ι, di magnitudine 4.

11. Stella τ, dall'*Almagesto*: «*boreahor ipsarum et est sub poplite*», di magnitudine 4. E 66g: «*boreahor ipsarum et est sub genu*», di magnitudine 5.

12. Stella δ Skat, il nome deriva dall'arabo *Al-sāk* [la Tibia], stesso nome usato da Tolomeo nell'*Almagesto*: «*australior duarum quae sunt in tibia dextra*», di magnitudine 3.

13. Stelle 98b, 41, di magnitudine 4.

14. L'urna comprende la stella γ Sadachbia. Secondo Allen deriva da *Sa'd Al akhbiya* [Le Stelle fortunate delle Tende], perché quando la stella sorgeva nei tramonti primaverili dopo i rigori e le sofferenze dell'inverno le tende dei nomadi venivano alzate sui freschi pascoli e si andava verso la bella stagione. Le stelle ζ, η, di magnitudine 3; il fiotto inizia con la stella λ di magnitudine 4 e finisce con la α Piscis Fomalhaut.

I Pesci raffigurati a Casa Provenzali.

# Costellazione dei Pesci

Questa costellazione sebbene sia formata da stelle non molto luminose è in realtà antichissima. Attualmente nella costellazione dei Pesci è collocato l'equinozio di primavera.

Duemila anni fa il punto vernale[1] si trovava nella costellazione dell'Ariete ed era quindi l'Ariete che apriva la scric dei scgni zodiacali, ma a

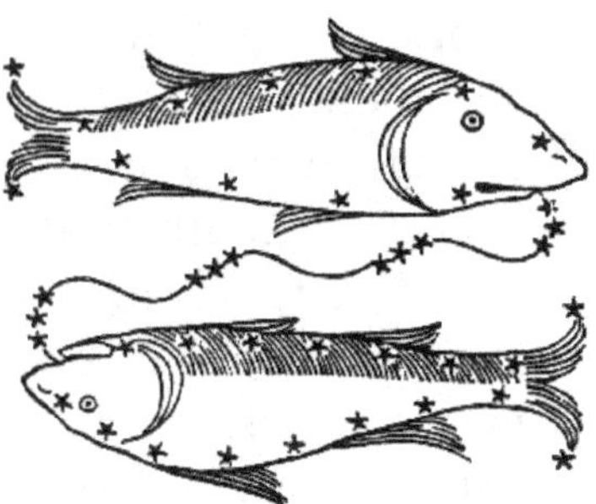

Xilografia tratta dal *Poeticon Astronomicon* di Igino del 1482.

causa della precessione degli equinozi il punto vernale si è spostato dall'Ariete ai Pesci. Secondo Gundel[2] l'origine della costellazione potrebbe esse egizia, ma poiché il decano che rappresenta i Pesci si trova da un'altra parte del cielo – come osservò correttamente Scherer[3] – la sua origine egiziana è alquanto dubbia. Più evidente è invece l'influenza dei Babilonesi, che videro una coppia di animali uniti da un nastro nella zona sudovest SIN-MAH[4] [*Shinunutum*, la Grande Rondine], che comprendeva anche il Collo di Pegaso (che diverrà il secondo Pesce); a nordest Anunitum [costellazione di Anunit], Signora dei cieli e dea del parto, dea dal corpo di pesce, una sorta di Venere nata dalle onde del mare. Secondo la visione babilonese la costellazione era formata da una rondine legata attraverso un nastro a un pesce.

L'origine babilonese trova conferma in uno scoliasta di Arato[5] dove i Caldei lo chiamano Pesce Boreale χελιδονίαν ιχθύν[6] [*Chelidonia ichthýn*, Pesce rondine] rappresentato con testa di Rondine[7].

221

Non bisogna escludere nemmeno una possibile influenza della civiltà cretese, dove si trova sia il Pesce sia la Rondine. Questi due pesci zodiacali erano chiamati in greco ιχθύες ἀμφότεροι [*Ichthýs ámfóteroi*, Entrambi i Pesci] come scrive Arato nei *Fenomeni*[8]. Altre fonti tardo babilonesi lo chiamano DU.NU.NU[9] o RIKIS-NU.MI [Corda di Pesce], il primo chiaro riferimento ai Pesci.

L'orientalista Willy Hartner ha suggerito che i Pesci provengano da un'antica tradizione pittografica poiché dall'Acquario (Ea) originariamente sgorgavano due ruscelli con dei Pesci, come nei vecchi pittogrammi: un ruscello correva a sud fino al Pesce Australe; l'altro correva a est attraverso i Pesci.

Nei *Catasterismi*[10] Eratostene afferma che la costellazione dei "Due Pesci" discende dal Grande Pesce (il Pesce Australe).

Igino riporta[11] un racconto mitologico strettamente legato con la costellazione del Capricorno. Diogneto d'Eritrea racconta che un giorno Venere arrivò ai bordi del fiume Eufrate in Siria assieme al figlio Cupido.

In quel luogo comparve il mostro Tifone, Venere allora si tuffò nel fiume insieme al figlio e lì assunsero l'aspetto di due pesci salvandosi dal pericolo.

La costellazione dei Pesci nel soffitto ligneo di Casa Provenzali è situata nel primo cassettone della terza fila che contiene le quindici costellazioni australi, opposta all'Orsa Maggiore. I Pesci sono separati dagli altri segni zodiacali perché essendoci ventuno costellazioni boreali (cioè situate a nord dello zodiaco) l'artista o l'ideatore del ciclo astronomico non aveva altra scelta che collocarla nella banda sottostante alla fascia mediana che contiene lo zodiaco.

Seguono poi i dodici segni zodiacali e le restanti quindici costellazioni australi.

Sia nella *Poetica* di Igino che nell'*Astronomicon* di Manilio si descrive[12] già la sfera celeste come composta dal circolo dei tropici, dell'equatore e della fascia zodiacale.

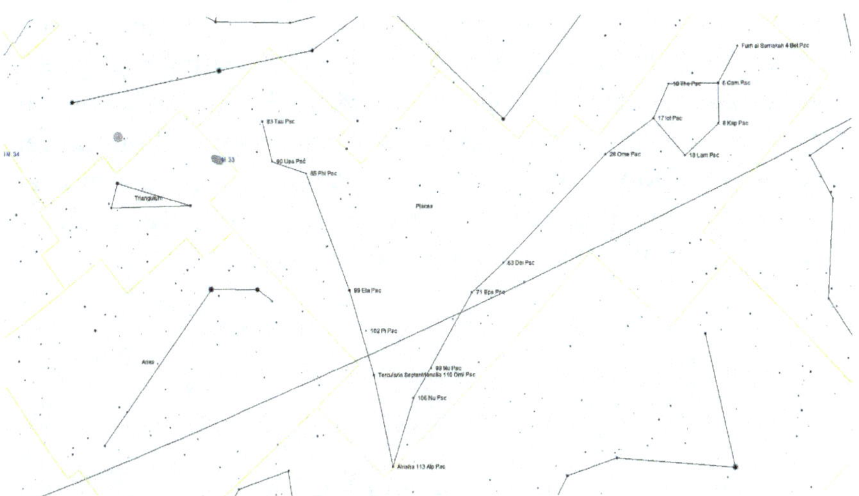

Mappa stellare della costellazione dei Pesci.

Chi ha ideato il ciclo ha applicato fedelmente la geografia astronomica seguendo la disposizione delle costellazioni in base alla loro latitudine. Il restauro del segno dei Pesci ha messo in evidenza trentaquattro stelle invece delle quarantuno riportate da Igino, ma ciò che è sorprendente è come nel disegno sia evidentemente rappresentata la sequenza di tre gruppi di stelle ravvicinati presenti sul nastro che unisce i due Pesci. Nei *Catasterismi* Eratostene riporta[13] trentanove stelle e non quarantuno; ma entrambi – sia Eratostene che Igino – sono concordi nell'affermare che il Pesce Boreale ha dodici stelle, il nastro che li unisce è composto di dodici stelle. Invece il Pesce Australe Eratostene sostiene[14] essere formato di quindici stelle, mentre Igino ne elenca diciassette[15]. Così è descritta la costellazione dei Pesci nel *Poeticon*:

Codesti Pesci sono collegati allo zoccolo anteriore dell'Ariete da una serie di stelle disposte a nastro. Quello che sta di sotto tramonta e sorge per primo ha diciassette stelle[16], mentre il boreale ne ha dodici[17] in tutto. Il legame che li tiene insieme ha in direzione nord tre stelle[18], tre in direzione sud[19], tre verso oriente[20], tre sul nodo[21]. In tutto dodici.

Tale legame, che si riconosce a partire dallo zoccolo anteriore dell'Ariete, è definito da Arato in greco *Sýndesmos hypouránios* [Nodo celeste] e da Cicerone *Nodus caelesti*[22]: entrambi vogliono far capire che il nodo non è solo dei Pesci, bensì dell'intera sfera celeste. Nel nodo si intersecano il cerchio meridiano per indicare il mezzogiorno e il cerchio equinoziale, ed è nell'intersezione di questi due circoli che si trova il Nodo dei Pesci.

*Note di chiusura*

1. Il punto vernale, o punto γ, rappresenta il punto in cui il Sole attraversa l'equatore celeste per passare dall'emisfero australe a quello boreale e corrisponde all'equinozio.

2. Vedi W. Gundel, *Dekansternbilder*, Amburgo 1936, p. 329.

3. Vedi A. Scherer, *Gestirnnamen bei den indo-germanischen Volkern*, Heindelberg, 1953, p. 173.

4. Vedi A. de Boeuffle, *Les noms latins d'astres et de constellations*, p. 181, e A. Florisone, *Astres et constellations des Babyloniens*, 1951, p. 268.

5. Cfr. Arato, *Fenomeni*, (a cura di) V. Lanzara, Garzanti 2020, v. 242.

6. Vedi F. Boll, *Sphaera*, p. 196.

7. Vedi A. le Boeuffle, *Les noms latins d'astres et de constellations*, p. 181, e R.H. Allen, *Star names*, p. 339.

8. Cfr. Arato, *Fenomeni*, (a cura di) V. Lanzara, Garzanti 2020, v. 357.

9. Vedi H. Rogers, *Origins of the ancient constellations: I. The Mesopotamian traditions*.

10. Vedi Eratostene, *Epitome dei catasterismi*, (a cura di) A. Santoni, ETS, Pisa 2009, p. 141.

11. Cfr. Igino, *Poeticon Astronomicon*, Libro II, par. *De Piscibus*.

12. Cfr. Igino, *Poeticon Astronomicon*, Libro I e Manilio, *Astronomicon*, Libro I, vv. 256-263.

13. Vedi Eratostene, *Epitome dei catasterismi*, (a cura di) A. Santoni, ETS, Pisa 2009, p. 107.

14. Vedi *Ibidem*, p. 141.

15. Cfr. Igino, *Poeticon Astronomicon*, Libro III, par. *De Piscibus*.

16. Le stelle β, γ, 7b, θ, ι, κ, λ, μ, 19, 27, 29, 30, 32, 32c, 33, 5°, 35, 41d, di magnitudine 4.

17. Stelle σ, τ, υ, φ, χ, ψ1, ψ2, ψ3, 82g, 65i, 68h, 67k, di magnitudine 4.

18. Stelle η, o, ρ, di magnitudine 3-4.

19. Stelle δ, ε, ζ, di magnitudine 4.

20. Stelle ν, μ, 80e, di magnitudine 4.

21. Stella α Alrescha, nome che deriva dall'arabo *Al-rishā* [la Corda]. Dall'*Almagesto*: «*quae est in nodo lino rum duorum*», è di magnitudine 3. La stella ξ di magnitudine 4 e forse la stella 112.

22. Cfr. Arato, *Fenomeni*, (a cura di) V. Lanzara, Garzanti 2020, v. 245.

L'Ara raffigurata a Casa Provenzali.

# Costellazione dell'Ara

Questo asterismo di origine incerta è identificato con due nomi totalmente diversi tra loro: Altare, oppure Ara. Sorge quindi il problema di stabilire quale dei due appellativi sia il più antico. Arato lo chiama semplicemente θυτήριον[1] [*Thytirion*, Altare] e lo stesso fa Eratostene nei suoi *Catasterismi*[2]. Forse nell'immaginario greco la presenza nelle vicinanze della costellazione del Centauro nell'atto di trafiggere il Lupo con una lunga lancia nella

Xilografia tratta dal *Poeticon Astronomicon* di Igino del 1482.

gola fa sì che il Lupo sia interpretato come una vittima sacrificale e abbia suggerito l'altro appellativo di Altare sacrificale. Sia in Igino che in Manilio la costellazione dell'Altare è collocata vicino a quella del Centauro, in modo da formare una figura stellare complessa; il Centauro è immaginato nell'atto di tenere in mano una vittima pronta per essere immolata sull'Altare. Nell'*Almagestum Novum* Giovani Battista Riccioli chiama questa piccola costellazione australe con il termine *Thuribulum*[3]. Riccioli specifica anche il nome con cui la costellazione dell'Ara era conosciuta in Arabia, *Almegrameth*,[4] che deriva della parola araba *Al-Mijmarah* [l'Incensiere]; il che, essendo il suo unico nome in quel Paese, implica che non sia nato lì prima dell'introduzione dell'astronomia greca[5].

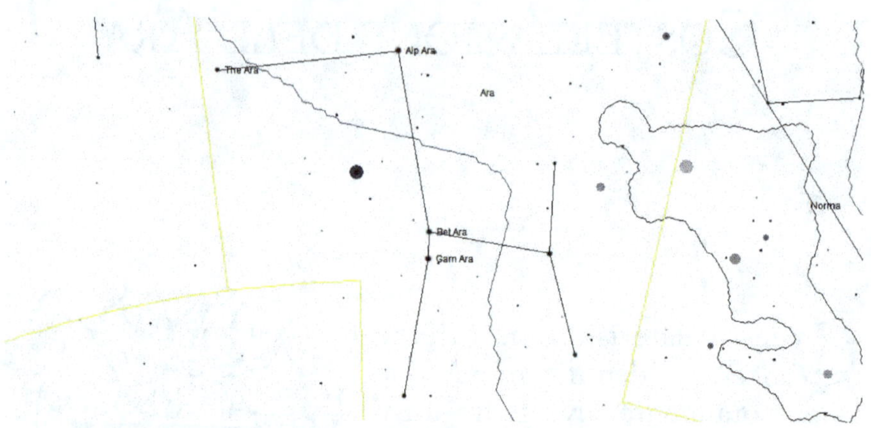


Mappa stellare della costellazione dell'Ara.

Nella mitologia greca si ritiene che sopra di esso gli dei abbiano istituito il primo sacrificio e compiuto il giuramento comune quando mossero guerra ai Titani.

La raffigurazione mitologica viene fedelmente riprodotta nel soffitto ligneo, dove il Centauro tiene tra le mani un animale per il sacrificio e nella parte posteriore della lancia una lepre appesa per le zampe posteriori. La costellazione dell'Ara rappresentata a Casa Provenzali è stata semplificata rispetto alla xilografia del 1482 mancando dei due motivi allegorici posti al suo fianco ma mantiene intatte le rappresentazioni delle quattro stelle che compongono la costellazione. Nel *Poeticon* le stelle dell'Ara sono limitate a quattro:

Tramonta al sorgere dell'Ariete, sorge insieme al Capricorno. Ha due stelle proprio sulla cima del turibolo che vi è rappresentato[6] e due altre in basso[7]. In totale quattro.

## Note di chiusura

1. Cfr. Arato, *Fenomeni*, (a cura di) V. Lanzara, Garzanti 2020, v. 403.

2. Vedi Eratostene, *Epitome dei catasterismi*, (a cura di) A. Santoni, ETS, Pisa 2009, p. 143.

3. Il turibolo è lo spazio dove vengono bruciate le vittime.

4. Vedi G.B. Riccioli, *Almagestum Novum*, p. 410.

5. Vedi R.H. Allen, *Star names*, p. 63.

6. Stelle β, γ, di magnitudine 4. Igino sul modello di Eratostene, *Catasterismi*, prende in considerazione solo il quadrilatero di stelle che formano la base dell'Altare. Per Ipparco invece (In Arat. et Eud, 1.18.15) l'Altare era diviso in tre parti: una base, un turibolo e un bordo.

7. Le stelle α di magnitudine 4-3 e la stella θ di magnitudine 4.

Il Lupo raffigurato a Casa Provenzali.

# Costellazione del Lupo

La raffigurazione della costellazione del Centauro già dalla prima edizione del 1482 del *Poeticon* è rappresentata con la Bestia (il Lupo) trafitta da una lancia. Anche in questo caso l'artista che lo ha dipinto a Casa Provenzali ha separato le due immagini creandole in due cassettoni distinti. Eratostene non dà alcun nome a questa costellazione ma narrando il mito del centauro Chirone la chiama "la Bestia"[1];

Xilografia tratta dal *Poeticon Astronomicon* di Igino del 1482. Nella xilografia la costellazione del Lupo è rappresentata dalla vittima sacrificale che il Centauro tiene tra le mani.

mentre Igino sempre rifacendosi al mito di Chirone la chiama "la Vittima"[2]. Nell'astronomia moderna la Bestia è diventata la costellazione del Lupo, anche se primitivamente era considerato come un animale che il Centauro portava nella mano destra senza precisarne la natura[3], infatti nel soffitto ligneo di Casa Provenzali la vittima sacrificale è rappresentata da un capretto. È possibile ammettere un'origine babilonese della costellazione del Lupo poiché in questo punto del cielo si trovava UR.IDIM[4] [la Bestia furiosa] e anche supporre una contaminazione con la figura del Centauro, probabilmente di origine egiziana.

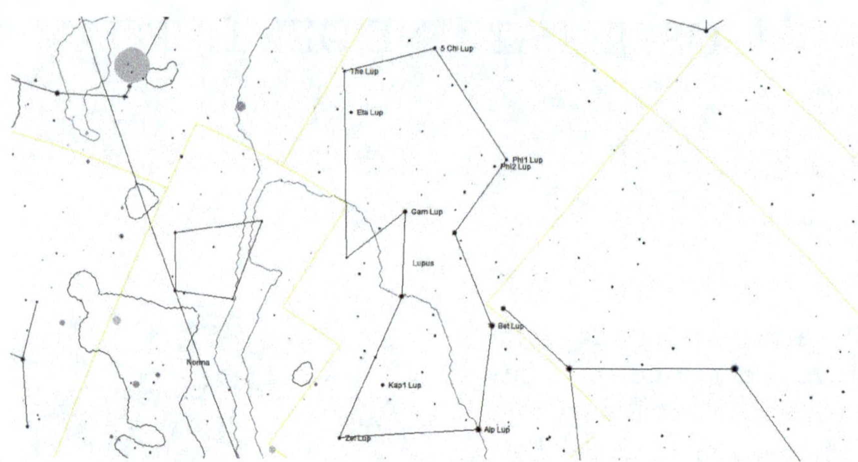

Mappa stellare della costellazione del Lupo.

Arato così descrive il Lupo nei *Phaenomena*: «Ha l'aria di tendere la destra sempre verso l'Altare arrotondato, e un altro segno è saldamente stretto a lui che lo sospinge con la mano, l'Animale[5]». E anche: «porta il corpo e la testa del Centauro e il piccolo animale che il Centauro tiene nella mano destra[6]».

Secondo i mitologi questa costellazione rappresenta Licaone re d'Arcadia trasformato in lupo da Giove per punizione dopo avergli offerto carne umana a un banchetto.

La costellazione del Lupo si è ben conservata e il restauro ne ha messo in evidenza le astrotesie, anche se il numero di stelle in esso contenute è in parte concorde con la descrizione data nel *Poeticon*:

La vittima ha invece due stelle sulla coda[7], una sulla prima delle zampe posteriori[8], una tra le due zampe[9], una brillante sulla schiena[10], una sulla parte anteriore delle zampe[11], una al di sotto[12], tre sparse sulla testa[13]. In tutto dieci.

## *Note di chiusura*

1. Vedi Eratostene, *Epitome dei catasterismi*, Eratostene riporta nel testo greco il termine θηρίον [Thiríon, la Bestia], (a cura di) A. Santoni, ETS, Pisa 2009, p. 145.

2. Cfr. Igino, *Poeticon Astronomicon*, «*hostia aute haber in cauda duas* [la vittima ne ha due (stelle) sulla coda]», Libro III, par. *De Centauro*.

3. Cfr. Cicerone, *Aratea e Prognostica*, traduzione D. Pellacani: «*Hic dextram porgens, quadrupes qua uasta tenetur quam nemo certo donauit nomine Graium, tendit et inlustrem truculentus cedit ad Aram* [Stende in avanti la mano, che stringe un grosso quadrupede a cui nessun Greco ha dato un nome definitivo; lo mostra, e avanza feroce verso l'Altare lucente]», edizioni ETS 2015, vv. 211-213.

4. Vedi A. le Boeuffle, *Les noms latins d'astres et de constellations*, p. 146.

5. Cfr. Arato *Fenomeni*, (a cura di) V. Lanzara, Garzanti 2020, vv. 440-442.

6. Cfr. *Ibidem*, vv. 660-662.

7. Stelle ζ, κ, entrambe di magnitudine 5.

8. Stella α, dall'*Almagesto*: «*quae in poplite ejusdem pedis*», di magnitudine 3.

9. Stella β, di magnitudine 3.

10. Stella γ, di magnitudine 4.

11. Stella φ1, di magnitudine 4.

12. Stella φ2, di magnitudine 5.

13. Stella η, dall'*Almagesto*: «*australior de duabus quae sunt in collo*», la stella χ e la stella θ sono entrambe di magnitudine 4.

Il Centauro raffigurato a Casa Provenzali.

# Costellazione del Centauro

Il Centauro dal *Poeticon Astronomicon* di Colonia del 1534.

Pur essendo una costellazione molto vasta non è completamente visibile dall'Italia. Presso i Babilonesi questa parte di cielo era conosciuta con il nome di EN.TE.NA.BAR.HUM[1] – associato al dio sumero Ningirsu, dio contadino e guaritore che toglieva agli uomini le malattie – che comprendeva oltre al Centauro forse anche parte dell'attuale Croce del Sud.

La costellazione appare già nell'astronomia greca antica e rappresenterebbe il centauro Chirone, precettore di Achille, maestro di Esculapio e di Ercole.

Igino riporta[2] che durante il combattimento di Ercole contro i Centauri una freccia avvelenata dall'eroe con il sangue dell'Idra di Lerna colpì accidentalmente Chirone; ciò gli procurò una grave piaga e un'atroce sofferenza, che sarebbe stata eterna perché i Centauri sono immortali. Allora Chirone chiese in cambio di divenire mortale scambiando il suo posto con Prometeo, e poté morire.

Comunque le rappresentazioni antiche mostrano il Centauro mentre, con una lancia, sta per trafiggere l'adiacente Lupo, simbolo del male.

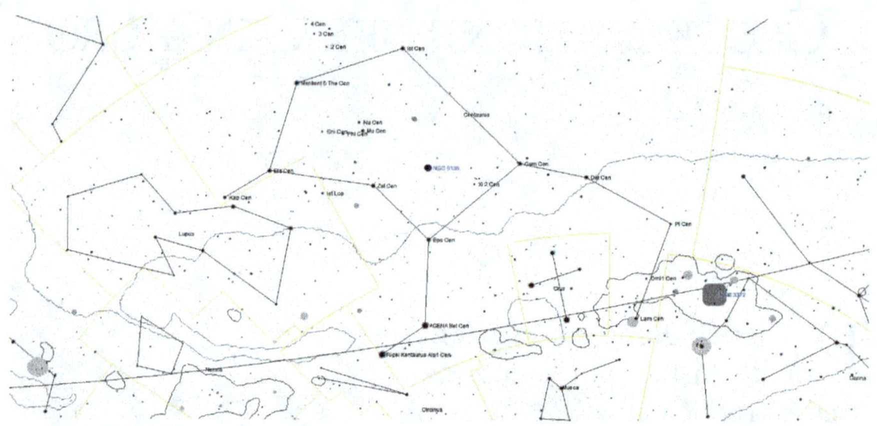

Mappa stellare della costellazione del Centauro.

La costellazione del Centauro nel soffitto ligneo di Casa Provenzali si presenta integra e il restauro ne ha messo in evidenza importanti particolari. In primo luogo occorre notare che a differenza della costellazione dell'Ofiuco, dove l'artista ha separato il serpentario (l'Ofiuco) dal serpente, in questa zona del soffitto ha rappresentato in un cassettone il Lupo, di cui abbiamo già parlato. Nell'altro vi è raffigurato il Centauro con la Lepre posta sulla punta della lancia e in mano la vittima sacrificale, che dovrebbe essere il Lupo ma in realtà è stato raffigurato un capretto. In seconda analisi si può notare come le dieci stelle disposte sul capretto sacrificale siano esattamente conformi alla xilografia del 1482. Gli annali cinesi del 173 D.C. riportano che il 10 dicembre apparve una stella «ben grande e di singolare luminosità», tra la α e la β del Centauro, che si affievolì di splendore nei seguenti otto mesi[3]. Nel *Poeticon* Igino descrive così le stelle del Centauro:

Il Centauro è rivolto a oriente, tramonta del tutto al sorgere dell'Acquario e dei Pesci, sorge con Scorpione e Sagittario. Ha tre stelle opache al di sopra della testa[4], una brillante su ciascuna spalla[5], una sul gomito sinistro[6], una sulla mano[7], una in mezzo al petto equino[8], una su ciascun garretto anteriore[9], quattro sulle vertebre[10], due brillanti sul ventre[11], tre sulla coda[12], una sul fianco equino[13], una su ciascun ginocchio posteriore[14], una su ciascun garretto[15]. In totale ventiquattro.

## Note di chiusura

1. Vedi H. Rogers, *Origins of the ancient constellations: I. The Mesopotamian traditions*.

2. Cfr. Igino, *Poeticon Astronomicon*, Libro II, par. *De Centauro*.

3. Vedi V. Janni e N. Buondonno, *Annali scientifici*, Napoli 1857 p. 50.

4. Stelle 2g, 3k, 4h, di magnitudine 5.

5. La stella θ Menkent, che deriva da *mankib* [spalla], nell'*Almagesto* è descritta come: «*quae in humero dextro*», è di magnitudine 3. È la stella ι, di magnitudine 4-3.

6. Stella η, di magnitudine 3.

7. Stella κ, di magnitudine 4.

8. Stella χ, di magnitudine 4-3.

9. La stella α Rigil Kentarus, secondo Paul Kunitzsch il nome deriva dall'arabo *Rijl Al-quanturis* [il Piede del Centauro]. Nell'*Almagesto* è chiamata come: «*quae in sura ejusdem pedis*». La stella era anche conosciuta con il nome di Toliman, che deriva dall'arabo *Al-zulmān* [gli Struzzi] perché i beduini vedevano in alcune stelle del Centauro degli struzzi. O anche con il nome di *Bungula*, che probabilmente deriva dall'unione della lettera greca beta e dal nome latino *ungula* [zoccolo]. La stella β Hadar deriva dall'arabo *Hadāri* attribuito a una coppia di stelle, l'altra essendo *Al-wazn*. Essa è nota anche con il nome Agena, forse deriva dall'unione della lettera greca alfa alla parola latina *genu* [ginocchio]; infatti Tolomeo la descrive così: «*quae in extremo posteriore pede apud manum Centauri*», è di magnitudine 1.

10. Stelle ν, μ, φ, ω, di magnitudine 4-3.

11. Stella ε, dall'*Almagesto*: «*praecedens de duabus quae sunt sub ventre*», di magnitudine 2. E la stella ζ Alnair, nome che deriva dall'arabo *Nayyir badan qantūris* [la Luminosa nel Corpo del Centauro], di magnitudine 3-2.

12. Stelle δ, π, o, di magnitudine 4.

13. Stella γ Muhlifain, secondo Paul Kunitzsch si tratta di una errata denominazione preislamica applicata nell'Ottocento relativa al nome Muliphein per γ CMa, di magnitudine 5.

14. Stelle γ, δ della Croce del Sud, di magnitudine 2 e 4.

15. Stelle α, β della Croce del Sud, di magnitudine 1 e 2.

Il Corvo raffigurato a Casa Provenzali.

# Costellazione del Corvo

Vedremo più avanti quale legame mitologico unisce le tre costellazioni Idra-Corvo-Coppa, ma è certo che la leggenda a esse collegata è stata immaginata dopo che tali forme erano state riconosciute nel cielo. I Babilonesi chiamavano questa zona del cielo UGA[1], la Stella di Adad, dio accadico della pioggia e della tempesta figlio di Enlil. Vedevano già un Corvo nella sfera celeste, anche se sembra che occupasse il posto della Coppa e probabilmente alcune stelle dell'attuale Coppa facevano parte della costellazione del Corvo. Igino collega alla costellazione del Corvo due miti distinti in cui nel primo il Corvo è partner dell'Idra, mentre nel secondo ne è il solo protagonista. La vicenda mitologica in cui il corvo è il solo protagonista – sebbene Igino non ne rivendichi la paternità ma citi altri mitografi – è la seguente: «Istro, invece, e molti altri dicono che Coronide era figlia di Flegias; generò Esculapio da Apollo, ma successivamente Ischi, figlio di Elato, giacque con lei. Un corvo vide il fatto e lo riferì ad Apollo, il quale per questo messaggio sciagurato rese nero il corvo, da bianco che era, e uccise Ischi a colpi di freccia»[2].

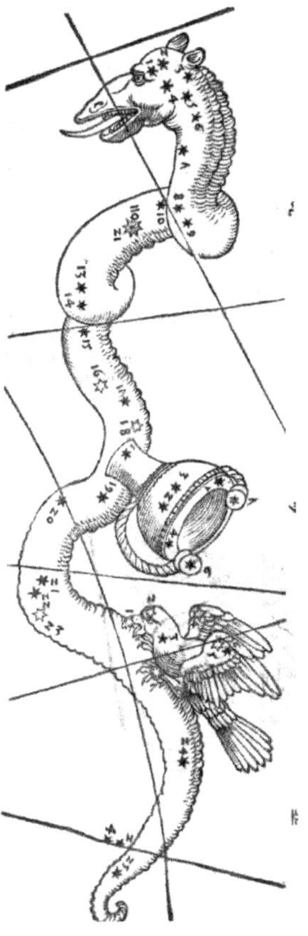

La costellazione dell'Idra della Coppa e del Corvo tratta dal *Poeticon Astronomicon* di Colonia del 1534.

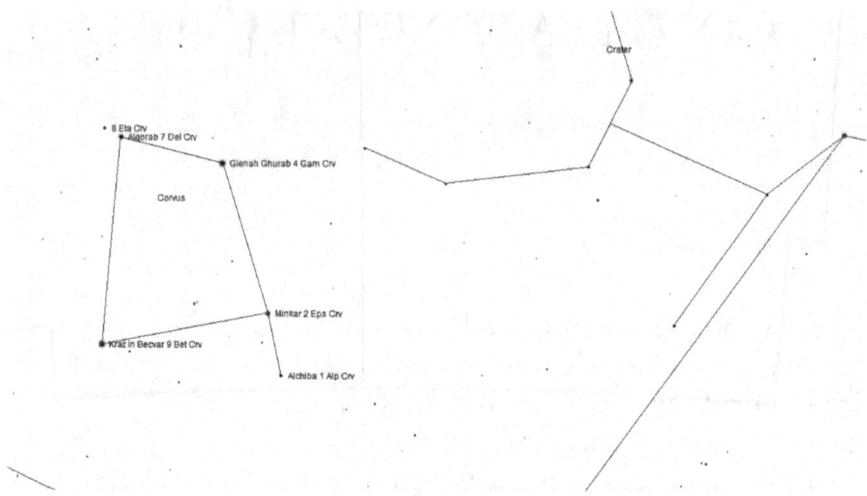


Mappa stellare della costellazione del Corvo.

La costellazione del Corvo si è conservata completamente integra nel soffitto ligneo: è indicato dalle stelle contenute nel Corvo, nel numero di sette, esattamente come indica il *Poeticon*:

Il Corvo ha una stella sulla gola[3], due sull'ala[4], due sotto l'ala in direzione della coda[5], una su ciascuna zampa[6]. In tutto sette.

## Note di chiusura

1. Vedi H. Rogers, *Origins of the ancient constellations: I. The Mesopotamian traditions*.

2. Cfr. Igino, *Poeticon Astronomicon*, Libro II, par. *De Hydra*.

3. Stella α Alchiba, secondo Paul Kunitzsch il nome deriva dall'arabo *Al-khibā* [la Tenda], è di magnitudine 3.

4. Stella γ Gienah, da *Janāh al-ghurāb* [l'Ala del Corvo]. Nell'*Almagesto* è riportato: «*quae in antecedente dextraque ala*», è di magnitudine 3. È la stella δ Algorab, deriva dall'arabo *Janāh al-ghurāb* [l'Ala del Corvo], ma al contrario della precedente è limitata alla seconda parte. Come riportato nell'*Almagesto*: «*praecedes de duabus quae sunt in ala sequenti*», è di magnitudine 3.

5. La stella η, di magnitudine 4. E la stella ι che appartiene all'Idra, di magnitudine 4.

6. La stella β, di magnitudine 3. E la stella ι che appartiene all'Idra, di magnitudine 4.

La Coppa raffigurata a Casa Provenzali.

# Costellazione della Coppa

Questo gruppo di deboli stelle mostra chiaramente l'aspetto, unico nel cielo, di un vaso dall'ampia imboccatura. I Greci lo chiamarono κράτήρ [*Krátír*, Cratere].

Delle tre costellazioni che costituiranno il mito Corvo-Coppa-Idra è sicuramente la meno distinguibile perché composta di stelle non molto luminose. Il mito riferito[1] da Igino sulla Coppa è piuttosto macabro e lo riporta per bocca di un altro mitografo, Filarco. Sul Chersoneso, ai confini della Troade dove dicono sia stato innalzato il sepolcro di Protesilao, c'era una città chiamata Elcusa. Al tempo in cui regnava un certo Demofonte si abbatté su quelle terre un'improvvisa calamità, con una straordinaria moria di abitanti. Demofonte, sconvolto dagli eventi, mandò a interrogare l'oracolo di Apollo sul modo di rimediare a tale sciagura e gli fu risposto che ogni anno una vergine di nobile famiglia avrebbe dovuto essere sacrificata agli antenati. Demofonte quindi mandò a morire, estraendole a sorte, le figlie di tutti escludendo però le sue. Finché un giorno un cittadino tra i più nobili protestò contro il metodo seguito da Demofonte e si rifiutò di includere la propria figlia tra quelle da sorteggiare a meno che nel numero non fossero incluse anche le figlie del re. Demofonte si adirò al punto da far uccidere la figlia dell'altro senza ricorrere al sorteggio. Il nobile Mastusio sul momento finse di accettare per amor di patria e dopo qualche tempo il re dimenticò l'incidente. Così, mostrandosi Mastusio completamente dedito al re, dichiarò un giorno che voleva celebrare un sacrificio solenne e invitò il re con le sue figlie a parteciparvi. Il re, che non sospettava nulla, si fece precedere dalle

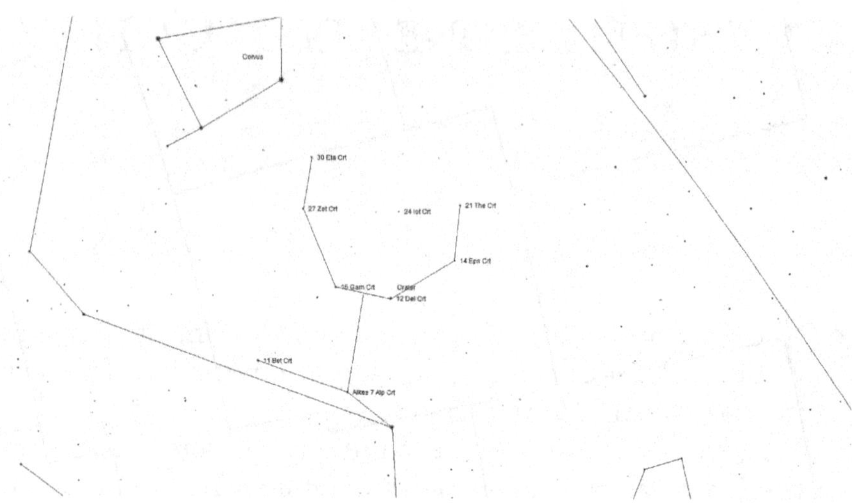

Mappa stellare della costellazione della Coppa.

figlie dicendo che sarebbe venuto più tardi, impegnato com'era nelle funzioni ufficiali. Le cose si svolsero come Mastusio sperava: uccise le figlie del re, stemperò nel vino il loro sangue dentro una coppa e ordinò di offrirlo da bere al re al suo arrivo. Il re cercò le figlie e dopo aver saputo cos'era accaduto fece gettare in mare Mastusio insieme alla coppa in cui aveva bevuto; per questo il mare in cui fu gettato prese nome di Mastusio in sua memoria e il porto ancora oggi viene chiamato Cratere. Gli antichi astronomi lo raffigurarono in cielo perché gli uomini ricordino che nessuno può impunemente trarre profitto da un crimine e che degli odi personali nessuno si dimentica[2].

La costellazione della Coppa nel soffitto ligneo nonostante il restauro è rimasta parecchio danneggiata proprio nella parte centrale e solo tre stelle delle otto sono visibili. Igino ne racconta così la loro disposizione nel *Poeticon*:

La Coppa, posta al di sopra della prima spira a partire dalla testa dell'Idra, ha due stelle sul bordo della coppa[3], due opache sotto i manici[4], due al centro della coppa[5], due alla base[6]. Il che fa un totale di otto.

## Note di chiusura

1. Cfr. Arato, *Fenomeni*, (a cura di) V. Lanzara, Garzanti 2020, v. 448.

2. Cfr. Igino, *Poeticon Astronomicon*, Libro II, par. *De Hydra*.

3. La stella $\varepsilon$ di magnitudine 4 e la stella $\iota$ di magnitudine 4, alcuni manoscritti ne citano tre: la terza sarebbe la stella $\kappa$.

4. La stella $\eta$ di magnitudine 4-5 e la stella $\theta$ di magnitudine 4.

5. Stelle $\gamma$, $\delta$ di magnitudine 4. Alcuni manoscritti ne citano tre, forse la stella $\iota$.

6. Stella $\alpha$ Alkes, nome derivato da *Al-ka's* [la Coppa, il Cratere], di magnitudine 4 e la stella $\beta$ comune anche all'Idra, come riporta Tolomeo: «*borealis de duabus quae sunt post basum Crater*», di magnitudine 4-3.

L'Idra raffigurata a Casa Provenzali.

# Costellazione dell'Idra

Xilografia tratta dal *Poeticon Astronomicon* di Igino del 1482.

Nella stessa parte della sfera celeste i Babilonesi avevano rappresentato un serpente, MUSH[1] (*Çiru*), ma bisogna riconoscere che già gli Egizi vi vedevano un serpente, simbolo del Nilo[2]. Quel che è certo è che la disposizione delle stelle suggerisce bene le pieghe di un serpente e potrebbe quindi aver colpito l'immaginazione di più popoli contemporaneamente. In greco la costellazione prende il nome Ύδρα (*Ýdra*). Rogers suggerisce che l'Idra rappresenti l'ingresso agli inferi, unendo il Corvo e la Coppa come simboli di morte. Nella tavoletta MUL.APIN l'Idra è il serpente (*Nirah*) Ningizzida, il signore degli inferi. In un brano del funerale di Gilgamesh che dona offerte agli dei dei morti si legge: «Pane per Neti, il custode della porta [Nedu, vedi Sagittario]; pane per Ningizzida il dio del serpente, il signore dell'albero della vita; anche per Dumuzi, il giovane pastore [vedi Vergine e Ariete]»[3]. Ningizzida e Dumuzi stavano insieme negli inferi e Ningizzida e Pabilsag (Sagittario) governavano la casa della regina degli inferi.

Trattando del mito dell'Idra Igino include i tre personaggi della storia: l'Idra, il Corvo e la Coppa. Si crede che sull'Idra stia appollaiato il Corvo e sia collocata la Coppa. A questo proposito si tramanda la seguente leggenda: un corvo protetto da Apollo,

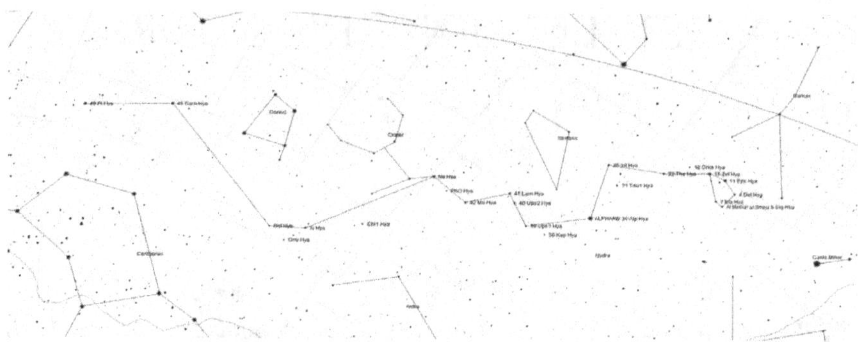

Mappa stellare della costellazione dell'Idra.

mentre il dio stava sacrificando, fu inviato a cercare acqua a una fonte e vide molti alberi di fico con frutti acerbi. Attendendo che maturassero si appollaiò su uno di quegli alberi. Molti giorni dopo i fichi maturarono e il corvo ne fece una scorpacciata; Apollo, che lo stava ancora aspettando, vide arrivare il corvo a gran colpi d'ala con la coppa piena.

Per questa negligenza si racconta che Apollo, il quale era stato costretto dal ritardo a usare dell'altra acqua, lo punì con questo marchio d'infamia: quando i fichi maturano il corvo non può bere perché in quei giorni ha la gola forata

Per raffigurare dunque la sete del Corvo collocò tra le stelle una Coppa e sotto vi pose un'Idra, che impedisce al Corvo assetato di avvicinarsi. Lo si vede infatti colpire con il becco la punta della coda dell'Idra, come per costringerla a lasciarlo avvicinare alla Coppa[4].

Il restauro ha riportato alla luce diversi particolari sulla dislocazione delle stelle nella costellazione dell'Idra, a parte la zona della coda che è rimasta danneggiata; è infatti l'unica zona in cui si contano sette stelle e non nove, come citate nel *Poeticon*. È sorprendente notare la cura del dettaglio sia dell'artista sia di chi ha diretto i lavori.

In questa costellazione infatti la sesta stella della seconda spira, la più luminosa, viene rappresentata più grande delle altre e abbiamo già avuto occasione di sottolineare come le stelle più luminose siano rappresentate più grandi, come nell'attuale nomenclatura astronomica moderna. La disposizione delle stelle che costituiscono l'Idra nel *Poeticon* è la seguente:

Questa tramonta al sorgere dell'Acquario e dei Pesci, sorge con le costellazioni di cui abbiamo detto sopra[5]. Ha tre stelle sulla testa[6], sei sulla prima spira a partire dalla testa, ma tra queste è l'ultima a brillare[7]; tre sulla seconda spira[8], quattro sulla terza[9], due sulla quarta[10], otto dalla quinta alla coda, tutte opache[11]. In totale ventisei.

## Note di chiusura

1. Vedi A. Florisone, *Astres et constellations des Babyloniens*, 1951, p. 157.

2. Vedi A. le Boueffle, *Les noms latins d'astres et de constellations* p. 142.

3. Vedi H. Rogers, *Origins of ancient constellation - The mesopotamian traditions*, L'epopea di Gilgamesh, rif. 24.

4. Cfr. Igino, *Poeticon Astronomicon*, Libro II, *De Hydra*.

5. Costellazioni del Cancro, del Leone e della Vergine.

6. Le stelle δ, ε, η, di magnitudine 4.

7. Le stelle ζ, 9, θ e la stella τ, così descritta nell'*Almagesto*: «*media de tribus quae demceps in flexu colli sunt*», la metà dei tre che sono alla curva del collo, tutte di magnitudine 4. È la stella α Alphard, deriva da *Al-fard* [la Solitaria]. Così Tolomeo la descrive nell'*Almagesto*: «*splendida de duabus contiguis*», è di magnitudine 2.

8. Le stelle κ, υ1, υ2, di magnitudine 4.

9. Le stelle λ, μ, φ, ν, di magnitudine 4.

10. Le stelle χ, ξ, di magnitudine 4.

11. Le stelle ο, β, ψ, γ, π, 51, 52, 54, 58, di magnitudine 4-3.

La Carena raffigurata a Casa Provenzali.

# Costellazione della Carena

Questa vasta costellazione è indubbiamente di origine egizia[1] e potrebbe essere stata introdotta in Grecia da Eudosso, che sostituì la Barca di Osiride con la leggendaria nave Argo.

In Grecia la costellazione venne chiamata da Arto nei *Fenomeni* αργώ[2] (*Argo*).

Secondo Eratostene la nave Argo fu la prima nave capace di parlare[3] e che per prima attraversò il mare impercorribile.

Nel Libro II del *Poeticon* Igino nel riportare il mito racconta che non tutta la sua immagine appare tra le stelle bensì solo una metà dalla poppa all'albero maestro, giustificando il fatto che esso serve a indicare che gli uomini non devono farsi prendere dal panico neppure quando la nave si spezza.

Xilografia tratta dal *Poeticon Astronomicon* di Igino del 1482.

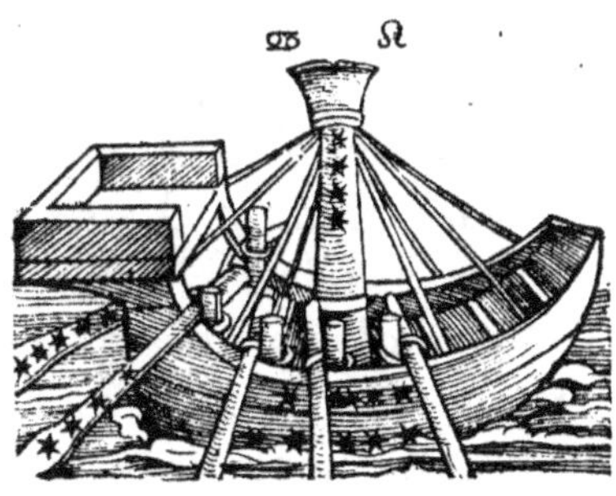

Xilografia tratta dal *Poeticon Astronomicon* di Igino del 1570.

Un'ipotesi che spiegherebbe la forma della costellazione è che rappresenti una nave fenicia da guerra del VII secolo A.C.,[4] con la prua che finisce con una linea verticale tale che all'occhio la nave sembra spezzata.

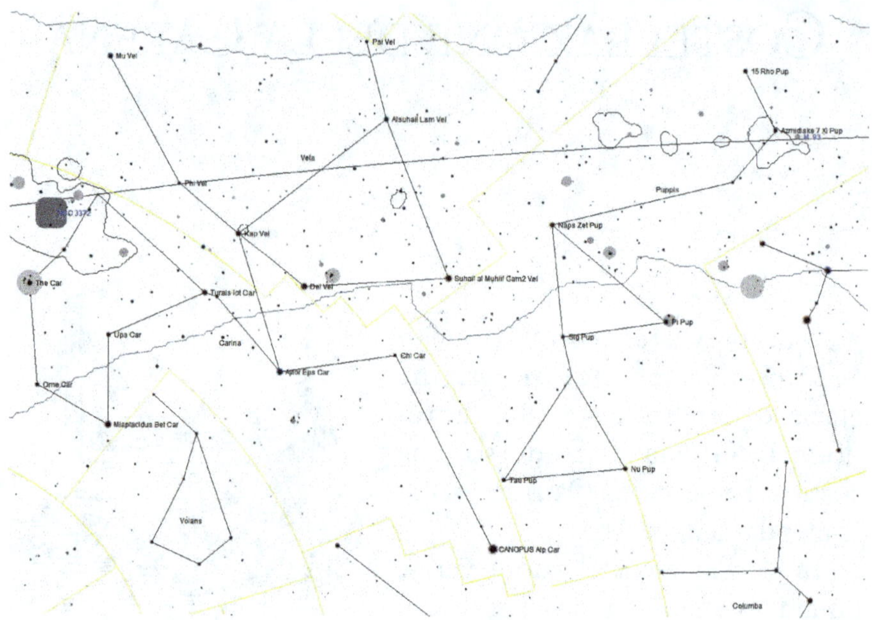


Mappa stellare della costellazione della Carena.

Nel *Poeticon* del 1482 la xilografia che raffigura la nave Argo è esattamente conforme alla descrizione che Igino ne dà nel poemetto, confermando l'ipotesi che le immagini non sono raffigurazioni di sola fantasia dell'artista che ha creato le prime xilografie ma si attengono strettamente in primo luogo al poema o ai poemi dei due poeti latini Manilio e Igino.

La mitologia greca racconta che gli Argonauti, guidati da Giasone, si recarono nella Colchide per impadronirsi del Vello d'oro richiesto al nipote da Pelia, che aveva usurpato il trono del fratello.

Giunto in Colchide Giasone, grazie a un filtro magico preparato da Medea, fece addormentare il Drago a guardia del Vello d'oro e lo uccise impadronendosi del Vello.

Attualmente la costellazione della Carena è smembrata in tre parti: la Poppa, la Carena e la Vela.

Per cui le stelle che originariamente componevano la sola costellazione della Carena oggi sono disperse nelle tre costellazioni.

252

La costellazione della Carena nel soffitto ligneo si è perfettamente conservata e la disposizione delle stelle corrisponde esattamente a quella riportata nel *Poeticon*.

Come precedentemente anticipato in un altro paragrafo[5], alcune delle immagini delle costellazioni raffigurate a casa Provenzali sono simili alle xilogafie presenti in un'edizione del *Poeticon Astronomicon* pubblicata nel 1570[6].

La costellazione della Carena raffigurata nel soffitto astronomico di casa Provenzali è rappresentata come una nave completa e non solo con la metà posteriore come riportato nell'edizione del 1482.

Dal confronto della Carena raffigurata nel cassettone di Casa Provenzali con la xilografia del *Poeticon* del 1570 si può notare che non solo la forma della coffa è identica, ma anche le quattro funi a essa collegate sono sia per numero, sia per disposizione, quattro a destra e quattro a sinistra esattamente come nella xilografia.

La descrizione che Igino dà della disposizione delle stelle nella nave Argo è la seguente:

Tramonta al sorgere del Sagittario e del Capricorno nella posizione che avrebbe in mare, sorge con la Vergine e i Pesci. Nei timoni di poppa ha cinque stelle sul primo timone[7], quattro sul secondo[8], cinque attorno alla carena[9], cinque sotto il cassero[10], sull'albero quattro[11]. In totale fa ventitre stelle.

*Note di chiusura*

1. Vedi F. Boll, *Sphera*, nota 1, Lipsia 1903, p. 135; oppure Plutarco, *Iside e Osiride*, 22.

2. Cfr. Arato, *Fenomeni*, (a cura di) V. Lanzara, Garzanti 2020, v. 342.

3. Vedi Eratostene, *Epitome dei catasterismi*, (a cura di) A. Santoni, ETS, Pisa 2009, p. 135. Anche per Apollonio Rodio Argo parlava, *Argonautiche*, Libro IV, vv. 580-584: «Qui, all'improvviso, mentre avanzavano, parlò con voce umana un legno della concava nave, che Pallade Atena ricavò da una quercia a Dodona, e lo collocò nel mezzo della carena».

4. Vedi *Ibidem*, p. 236.

5. Vedi il par. *Il soffitto astronomico di Casa Provenzali*.

6. Cfr. Igino, *Fabularum liber, ad omnium poetarum lectionem mire' necessarius, & nunc denuo excusus. Eiusdem Poeticon Astronomicon libri quatuor. Index rerum & fabularum, in his omnibus scitu dignarum, copiosissimus*, Basileae, ex officina Hervagiana, 1570.

7. In quello di destra sono identificabili solo le stelle $\pi$, $\nu$ di magnitudine 3 e la stella G di magnitudine 4.

8. A sinistra la stella a di magnitudine 5, la stella $\sigma$ di magnitudine 4 e la stella $\tau$ di magnitudine 3-2. La stella $\alpha$ Canopo, che prende il nome dal pilota di Menelao; il suo nome attuale deriva, con una lieve alterazione, da quello che gli dette Eratostene: Kanobos, che Ipparco poi trasformò in Kanopos. Questa è la denominazione che, latinizzata successivamente in Canopus, è rimasta sostanzialmente invariata fino ai nostri giorni. Arato, Eudosso e in alcuni casi lo stesso Ipparco la chiamarono anche *Pedalion* [il Timone], e così Cicerone traduttore di Arato *Gubernaculum*. Tolomeo nell'*Almagesto* la descrive così: «*praecedes duarum reliquarum in gubernaculo et vocatur Canopus*», è di magnitudine 1.

9. La stella $\varepsilon$ Avior, di derivazione sconosciuta, di magnitudine 5. Le stelle $\chi$ di magnitudine 2 e la $\delta$ velae di magnitudine 4. E la stella $\kappa$ Velae Markeb, che deriva dall'arabo *Markab* che contrassegna una nave, anche se l'origine rimane incerta. Di magnitudine 3.

10. Stella η di magnitudine 4-3 e la stella ι Aspidiske [Piccolo Scudo]. Dall'*Almagesto*: «*quae est sub tertia in sequento scutulo*», di magnitudine 4. La stella μ di magnitudine 3, velae N velae di magnitudine 3 φ velae di magnitudine 4.

11. Stella γ Regor velae di magnitudine 2, e b Mali [dell'Albero], di magnitudine 5 e a Mali di magnitudine 4.

Il Cane Minore raffigurato a Casa Provenzali.

# Costellazione del Cane Minore

Xilografia tratta dal *Poeticon Astronomicon* di Igino del 1482.

Anche per Tolomeo questa piccola costellazione è costituita da due sole stelle e deve il suo nome alla stella più brillante, che è simile al Cane, perciò gli Antichi la conoscevano con il nome di Procione [il Precursore del Cane], perché essendo questa più boreale rispetto al Cane Maggiore sorge prima della stella Sirio.

I Babilonesi lo chiamavano TAR.LUGAL.HU[1] [il Gallo], i Greci προχύων [Procione[2]].

Originariamente il nome Procione era usato per designare l'intera costellazione, soltanto in un secondo tempo indicò solo la sua stella più brillante.

A tale piccola costellazione vengono attribuite tutte le mitologie che riguardano il Cane Maggiore.

È importante osservare che l'artista che ha realizzato l'impianto astronomico si è attenuto scrupolosamente nel raffigurare sia il Cane Minore sia il Cane Maggiore ispirandosi alle illustrazioni presenti nella prima edizione del *Poeticon* del 1482.

Infatti i due Cani sono evidentemente di razze diverse: mentre il Cane Maggiore è rappresentato come un levriero agile e snello, l'altro è esplicitamente di una razza differente.

Il cassettone contenente la costellazione del Cane Minore ci è giunto in un ottimo stato di conservazione; si nota immediatamente

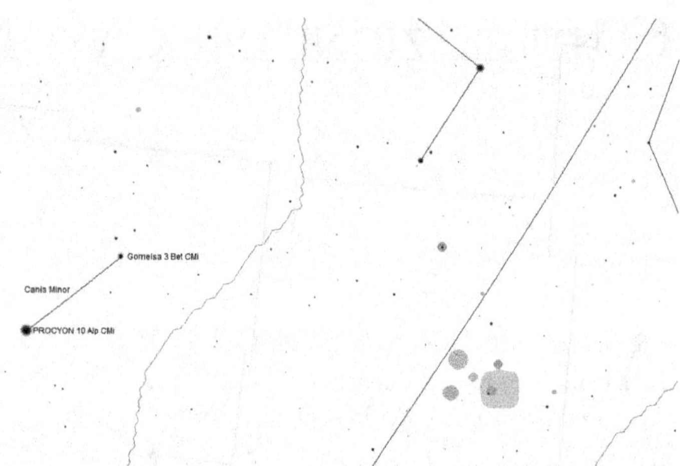


Mappa stellare della costellazione del Cane Minore.

che la disposizione delle astrotesie all'interno del Cane Minore è conforme al testo di Igino:

> Poiché sorge prima del Cane Maggiore, ha preso il nome Prokỳon[3]. Tramonta al sorgere del Capricorno, sorge con il Leone. Ha una stella sulla testa e un'altra nel petto, una nelle reni. Ha in tutto tre stelle.

*Note di chiusura*

1. Cfr. MUL.APIN H. Hunger e J. Steele pp. 134-135, *The babylonian astronomical compendium*, oppure vedi A. le Boueffle, *Les noms latins d'astres et de constellations*, nota 3, p. 137.

2. Cfr. Arato, *Fenomeni*, (a cura di) V. Lanzara, Garzanti 2020, vv. 450, 595, 690.

3. La stella α Procione. Il nome risale almeno ai giorni dell'antica Grecia e sta a significare Prima del Cane o Precursore del Cane, in riferimento al fatto che questa stella sorge immediatamente prima di Sirio. Tolomeo nell'*Almagesto* la chiama: «*fulgens qua est posterioribus et vocatur Procyon*», è di magnitudine 1.

Il Cane Maggiore raffigurato a Casa Provenzali.

# COSTELLAZIONE DEL CANE MAGGIORE

Nella sfera babilonese era conosciuta con il nome KAK.SI.SA[1] [la Freccia del Grande Guerriero Ninurta] poiché la costellazione di Orione, il cui nome accadico è Shitaddalu [Colui che fu colpito da un'arma], è intimamente legata alle costellazioni vicine.

Xilografia tratta dal *Poeticon Astronomicon* di Igino del 1482.

L'identificazione di Sirio con KAK. SI.SA è certa anche da altre fonti.

Meno certo è quali altre stelle appartenessero a tale costellazione; occorre avere almeno una stella in più per fare una linea retta e Bezold[2] nel 1919 suggerì in Procione l'altra stella.

Il termine KAK.SI.SA che comprende la stella Sirio e BAN (l'Arco) che comprende la parte sud del Cane Maggiore erano un arco e una freccia puntati su Orione.

Arato chiama questa costellazione con il nome di Cane di Orione[3].

Successivamente a Eudosso i cartografi riunirono alcune delle stelle circostanti più brillanti e le diedero il nome di Cane[4].

Originariamente la designazione di Cane era data alla sola stella più brillante Sirio, il cui nome deriva dalla voce greca *seir* [brillare] e che a sua volta deriva dal sanscrito *svar* [brillare, illuminare][5].

Cinquemila anni fa, nel 3285 A.C., la levata eliaca di Sirio[6] coincideva con il solstizio estivo e lo straripamento del Nilo cominciava con il primo giorno del mese di Pachon[7] [il mese dell'inondazione].

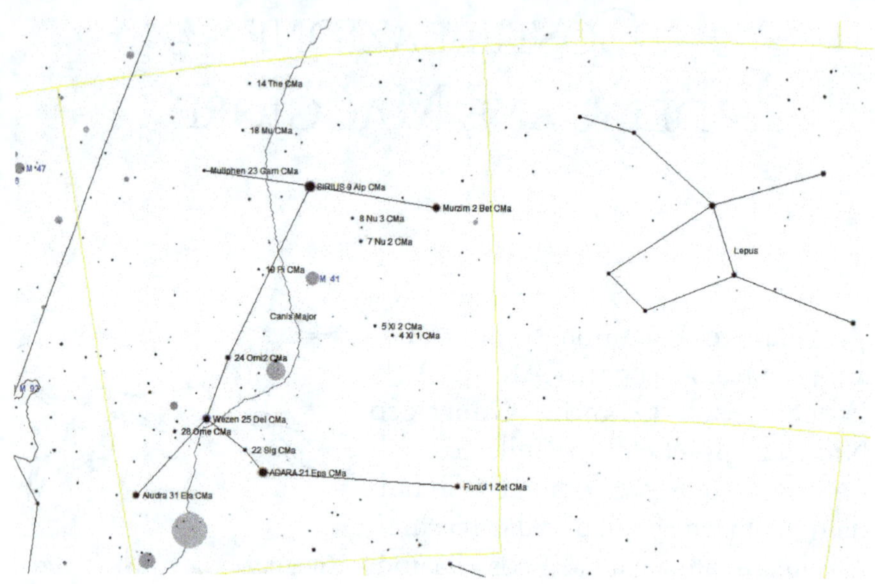



Mappa stellare della costellazione del Cane Maggiore.

La stella che annunciava i fertili allagamenti era chiamata dagli Egizi Sothis [Raggiante].

Il suo levare eliaco avveniva a quell'epoca verso il 21 giugno e mentre annunciava l'arrivo imminente delle piene del Nilo dava l'inizio all'estate.

È per quest'ultima circostanza che la stella Sirio diviene la *stella canicula*, sinonimo dei torridi caldi estivi, sebbene il termine *canicola* non si riferisca al concetto di calore bensì alla parola cane.

Sia Igino che Eratostene sono concordi nel riportare[8] le seguenti leggende.

Dicono che fosse il guardiano assegnato da Giove a Europa e finito poi in possesso di Minosse. Sembra che Procri, la moglie di Cefalo, avesse guarito Minosse da una malattia e per questo merito abbia ricevuto in dono il Cane, che era un abile cacciatore a cui non sfuggiva alcuna preda.

Dopo la morte della donna il cane passò a Cefalo, di cui Procri era la sposa, portandolo con sé a Tebe. Lì viveva una volpe che aveva ricevuto il potere di sfuggire a qualunque cane. Così quando si affrontarono Giove, non sapendo che partito prendere, li trasformò entrambi in pietra.

Altri lo identificano come il Cane del cacciatore Orione[9].

La costellazione del Cane Maggiore dopo il restauro effettuato ha portato alla luce molti dettagli interessanti; innanzitutto un cane snello rende bene l'idea di un levriero lanciato nell'inseguimento della preda, rappresentata dalla costellazione della Lepre.

Eratostene conta per questa costellazione diciassette stelle, mentre nel *Poeticon* ne sono citate diciannove; nel soffitto ligneo sono visibili diciotto stelle.

Le fotografie eseguite prima del restauro mostrano chiaramente che le zone del dipinto che comprendono la parte iniziale della coda e parte della zampa posteriore sinistra hanno subito distacchi di colore significativi, e la stella che era situata in quel punto – come riportato nella xilografia del 1482 – è andata perduta. Infatti la coda del Cane Maggiore contiene quattro stelle, di cui proprio una sull'attaccatura della coda al corpo del Cane.

Nel *Poeticon Astronomicon* Igino descrive in questo modo la costellazione del Cane Maggiore e la disposizione delle stelle al suo interno:

Tramonta al sorgere del Sagittario, sorge con il Cancro. Ha sulla lingua una stella detta Stella del Cane, sulla testa una seconda che taluni chiamano Sirio[10]. Inoltre ha una stella opaca su ciascun orecchio[11], due sul petto[12], tre sulla zampa anteriore[13], tre sul dorso[14], sul fianco sinistro una[15], una sulla zampa posteriore[16], una sulla zampa destra[17], quattro sulla coda[18]. Diciannove in totale.

*Note di chiusura*

1. Vedi H. Rogers, *Origins of the ancient constellations: I. The Mesopotamian traditions.*

2. Cfr. Hunger e J. Steele, *The Babylonian astronomical compendium* MUL.APIN H., p. 117.

3. Cfr. Arato, *Fenomeni*, (a cura di) V. Lanzara, Garzanti 2020, v. 755.

4. Cfr. *Ibidem*, v. 337.

5. Vedi C. Flammarion, *Le stelle e le curiosità del cielo*, p. 488.

6. Cfr. Tolomeo, *Tetrabiblos*, Libro II, par. 11: «Presso gli Egizi il solstizio d'estate annuncia l'inondazione del Nilo e il sorgere della stella del Cane». Arktos, 2006.

7. Vedi C. Flammarion, *Le stelle e le curiosità del Cielo*, Sonzogno, Milano 1904, p. 488.

8. Cfr. Igino, *Poeticon Astronomicon*, Libro II, par. *De Cane*. Vedi Eratostene, *Epitome dei catasterismi*, (a cura di) Anna Santoni, ETS, Pisa 2009, p. 131.

9. Cfr. Igino, *Poeticon Astronomicon*, Libro II, par. *De Cane*.

10. Il nome della stella α Sirio (*Canicola*) sembra derivare dal termine greco σείριους [ardente, scintillante]. Eratostene la chiama anche ιοις identificandola con la dea egizia Iside e anche Igino nel Libro II del *Poeticon* associa Iside alla stella Sirio. Così il nome arabo *Al-Shi'ra* ricorda i nomi greco, romano ed egiziano e suggerisce ad alcuni studiosi (forse sensibili al mito indoeuropeo) una comune origine, forse dal sanscrito: in quell'antica lingua il nome Surya, il dio Sole, significa semplicemente lo Splendente. Tolomeo nell'*Almagesto* la descrive così: «*quae in ore fulgentissima est, vocatur Sirius et est subrufa*» e la indica di colore rossastro (*subrufa*). Nella traduzione latina di Cicerone, fatta dal greco, dei *Fenomeni* di Arato, si legge che la stella del Cane scintilla di una luce rossastra: «*Namque pedes subter rutilo cum lumine claret fervidus ille Canis stellarum luce rifulgens*», è di magnitudine 1.

11. La stella θ di magnitudine 4 e la γ Muliphein, di origine molto complessa. Secondo Paul Kunitzsch il tutto deriva dai nomi arabi

*Hadāri* e *Al-wazn*; discutendo di questi nomi fu detto che essi erano *muhalifān* [che causavano discussioni e provocavano giuramenti], di magnitudine 4.

12. La stella $\xi 1$ di magnitudine 5 e la stella $\pi$ di magnitudine 5.

13. La stella $\beta$ Mirzam [Colui che precede, o Colui che annuncia]. Così chiamata perché sorge giusto un po' prima di Sirio, di magnitudine 3. E le stelle $\nu 1$, $\nu 2$, di magnitudine 5.

14. La stella $\delta$ Wezen, secondo Paul Kunitzsch deriva dal nome preislamico *Al-wazn* [il Peso] applicato a una delle due stelle, essendo l'altra *hadāri* di magnitudine 3-4. E le stelle o3, o1, di magnitudine 4-5.

15. La stella $\varepsilon$ Adhara, nome che deriva dall'arabo *Al-adhārā* [le Vergini], di magnitudine 3.

16. La stella $\lambda$, di magnitudine 4.

17. La stella $\zeta$ Furud, che deriva dall'arabo *Al-furūd* [le Solitarie], di magnitudine 3.

18. La stella unica identificabile è la $\eta$ Aludra, si trova nell'angolo orientale del triangolo di stelle di cui abbiamo già detto a proposito di Wesen e di Adhara. Il suo nome deriva dall'arabo *Al-ʿudhra* [la Verginità], di magnitudine 3-4. Le altre stelle forse appartengono alla Poppa della Nave.

Orione raffigurato a Casa Provenzali.

# Costellazione di Orione

Questa grande costellazione invernale è cantata già da Omero[1] e da Esiodo[2]. Il nome stesso Orione sembra risalire a un'epoca pre-ellenistica, come attestato da Omero, che lo chiama ωρίων[3] (*Orìon*). I Babilonesi vedevano in questo asterismo il pastore del cielo SIPA.ZI.AN.NA [*Shi-taddalu*, Colui che fu colpito da un'arma[4]] identificato con Papsukal, messaggero degli dei Anu e Ishtar. Per gli Egizi rappresentava Osiride[5] sulla sua barca. Gli Arabi davano a Orione il nome di *Al-jabbār* [il Gigante].

Le tre stelle obliquamente allineate che segnano la cintura anticamente erano considerate una costellazione a parte. Plauto[6] e Manilio[7] chiamano tale gruppo *Iugulae*[8], nome che identifica l'intera costellazione di Orione. Fin dall'antichità queste stelle erano chiamate i Tre Re che nel Medioevo vennero identificate come i Re Magi.

Nella mitologia greca Eratostene nei *Catasterismi*[9] narra che Orione a Creta cacciava le fiere insieme ad Artemide e Leto e pare che avesse minacciato di uccidere tutte le fiere che vivevano sulla Terra.

Xilografia tratta dal *Poeticon Astronomicon* di Igino del 1482.

Xilografia tratta dal *Poeticon Astronomicon* di Igino del 1570.

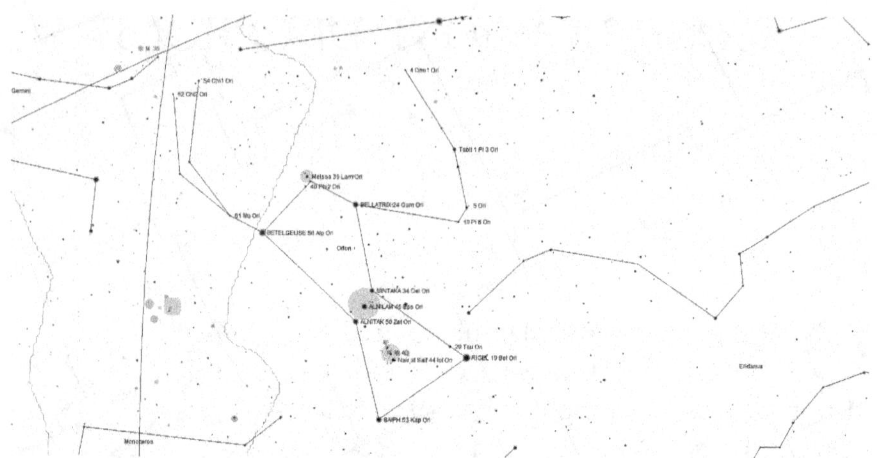

Mappa stellare della costellazione di Orione.

La Terra adirata contro di lui fece sorgere uno Scorpione gigantesco e, ferito dal pungiglione, Orione morì. Gli dei trasformarono lo Scorpione in costellazione e Orione subì la stessa sorte: perciò la costellazione di Orione fugge eternamente da quella dello Scorpione; quando una costellazione sorge, l'altra tramonta. Igino riporta[10] anche un'altra versione del mito: Giove, Nettuno e Mercurio giunsero presso la casa del re Irieo in Tracia. Ospitati amichevolmente da lui, gli concessero di scegliere ciò che preferiva. Egli chiese di avere due figli; allora Mercurio scuoiò il toro che lo stesso Irieo aveva sacrificato per loro, i tre dei orinarono dentro la sua pelle e la seppellirono. Di lì nacque Orione. Esiste anche un'altra versione secondo la quale Diana si era innamorata di Orione. Apollo, che non condivideva l'infatuazione della sorella, un giorno in cui Orione nuotava nel mare a una tale distanza che a malapena si distingueva il capo nell'acqua sfidò Diana a centrare con una freccia quel puntino nero che si intravedeva in lontananza; così la dea scoccò la freccia che trafisse Orione; quando il corpo fu trascinato a terra dalla marea Diana si accorse di quanto era successo e afflitta lo trasportò in cielo.

La costellazione di Orione raffigurata a casa Provenzali non è conforme con l'immagine rappresentata nella xilografia di Ratdold del 1482, ma è molto più somigliante a quella del *Poeticon* del 1570. I tratti caratteristici dell'edizione del 1570 si riflettono integralmente nel soffitto ligneo e sono: la mancanza dello scudo, la clava sostituita con una mazza ferrata, la mancanza dell'elmo e della barba. Così come l'abbigliamento di Orione e la postura del corpo che lo rappresentano: con l'elmo, gli spallacci, il corpo ricoperto con una corazza modello aragosta che ne ricopre solo la coscia. Anche la postura assunta da Orione raffigurato nel soffitto ligneo è identica, basti osservare come la mano sinistra ricoperta di un guanto di ferro sia leggermente ripiegata verso il basso, così come la gamba sinistra è leggermente flessa in avanti.

Il numero di diciassette stelle contenute nell'astrotesia coincide con le stelle elencate da Igino, che così le descrive:

Sembra in lotta contro il Toro, ha una clava nella mano destra, una spada al fianco. È rivolto verso occidente. Tramonta al sorgere della parte posteriore dello Scorpione e del Sagittario, sorge con tutto il corpo insieme al Cancro. Ha tre stelle brillanti sulla testa[11], una su ciascuna spalla[12], una opaca nel gomito destro[13], una analoga sulla mano[14], tre sulla cintura[15], tre opache sulla clava[16], una brillante su ciascun ginocchio[17], una opaca su ciascun piede[18]. In tutto diciassette.

*Note di chiusura*

1. Cfr. Omero, *Odissea*, V, 274.

2. Vedi *Orione al Peloro* (Diodoro IV 85, 5 = Esiodo fr. 149 M.W.).

3. Cfr. Omero, *Iliade*, XVIII, 486 e 488; XXII, 29; *Odissea*, V, 274.

4. Vedi H. Rogers, *Origins of the ancient constellations: I. The Meso-potamian traditions*.

5. Vedi F. Boll, *Sphera*, Lipsia 1903, p. 167, 175.

6. Cfr. Plauto, *Amphitruo*, 275, in cui Sosia che è il servo di Anfi-trione declama: «*Sosia... neque se Luna quoquam mutat atque uti exorta est semel, nec Iugulae neque Vesperugo neque Vergiliae occidunt* [Sosia... la Luna non si sposta da quando è sorta, nè Orione nè la stella della sera nè le Pleiadi tramontano]».

7. Cfr. Manilio, *Astronomicon*, Libro V, v. 174.

8. Vedi A le Boeuffle, *Les noms latins d'astres et de constellations*, p. 131.

9. Vedi Eratostene, *Epitome dei catasterismi*, (a cura di) A. Santoni, ETS, Pisa 2009, p. 129.

10. Cfr. Igino, *Poeticon Astronomicon*, Libro II, par. *De Orione*.

11. La stella λ Meissa deriva dal nome arabo *Al-maisān*, il significato del nome è incerto e vorrebbe dire "la Splendente", di magnitudine 4. E le stelle φ1, φ2, le tre stelle assieme costituivano la quinta casa lunare *al-haq'a*, di magnitudine 5.

12. La stella α Betelgeuse, il suo nome tradotto dall'*Almagesto* era *Mankib-al-jauzā'* [la Spalla del Gigante]. Orione nella cultura preisla-mica era la figura femminile *Al-jauzā'*, rappresentata dove ora c'è Orione, di magnitudine 1-2. La stella γ Bellatrix [la Guerriera], il nome latino fu dato per ragioni ancora non molto chiare, è di magnitudine 2-1.

13. Stella μ, di magnitudine 4.

14. Stella ξ, di magnitudine 4.

15. Stella δ Mintaka. Deriva dall'arabo *Mintakat al-jauzā* [la Cintura di Al-jauzā], di magnitudine 2. La stella ε Alnilam prende il nome da *Al-nizām* [Il Filo di Perle], di magnitudine 2. È la stella ζ Alnitak, che è la

più meridionale tra le tre stelle che compongono la Cintura di Orione (le altre due sono ε, δ). Il suo nome deriva appunto dal termine arabo *Nitāk al-jauzā* [la Cintura di Al-jauzā], è di magnitudine 2.

16. Stella 42c, la stella θ di magnitudine 3-4 e la stella ι Nair Al Saif, questa stella era chiamata dagli Arabi *Na'ir al Saif* [la Splendente della Spada], di magnitudine 3.

17. Stella τ di magnitudine 4-3 e la stella 49d.

18. Stella β Rigel. Deriva dall'arabo *Rijl al-Jauzā* [la Gamba o il Piede di Al-Jauzā], nome preislamico della costellazione di Orione. La stella κ Saiph deriva dall'arabo *Saif al-jabbār* [la Spada del Gigante], di magnitudine 1.

La Lepre raffigurata a Casa Provenzali.

# Costellazione della Lepre

Xilografia tratta dal *Poeticon Astronomicon* di Igino del 1482.

La disposizione delle stelle in cielo di questa piccola costellazione riproduce assai bene una lepre dalle lunghe orecchie, rappresentata dalle stelle κ, λ e dal corpo allungato composto dal quadrilatero di stelle α,β,γ e δ. In questa plaga del cielo è raffigurata una scena venatoria caratteristica: il cacciatore Orione lancia i suoi Cani all'inseguimento della Lepre.

La costellazione era già conosciuta da Arato e descritta nei *Fenomeni* in questo modo: «Sotto i piedi di Orione in ogni tempo c'è la Lepre, inseguita senza sosta»[1]. Presso gli Arabi si trovava talvolta indicata con il nome di *Arsh-al-djauza* [il Trono del Gigante]; infatti le quattro stelle del quadrilatero possono rendere l'idea di uno sgabello.

La leggenda racconta che la Lepre fugge il Cane di Orione, il quale la sta inseguendo. Alcuni dissero che era stata portata là da Mercurio perché a differenza di tutti gli altri quadrupedi ha la possibilità di partorire cuccioli mentre ne porta altri nel ventre. L'altra leggenda riportata da Igino può così essere riassunta: un giovane portò sull'isola di Lero una lepre incinta, poiché sull'isola non esistevano lepri. In poco tempo si generò però una moltitudine di lepri che invasero l'isola e dato che non ricevevano nutrimento dagli uomini si gettarono sui raccolti e mangiarono ogni bene. Gli isolani, colpiti dalla fame, riuscirono a scacciare le lepri. Così in seguito composero in cielo l'immagine di una lepre[2].

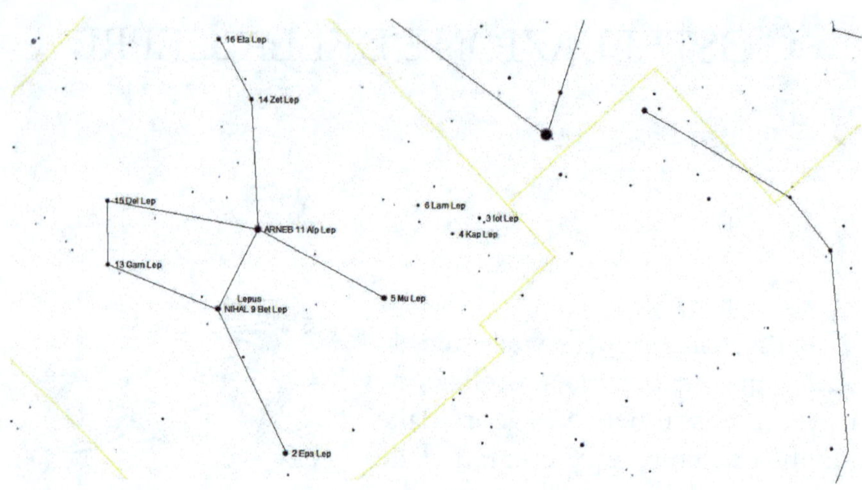

Mappa stellare della costellazione della Lepre.

Il restauro ha riportato alla luce l'originale bellezza. Le sei stelle che rappresentano la costellazione della Lepre sono ben collocate nel soffitto ligneo e sono così descritte da Igino:

La Lepre fugge sotto il piede sinistro di Orione, lungo il circolo invernale che ne separa dal resto la parte inferiore del corpo e tramonta al sorgere del Sagittario, mentre sorge insieme al Leone. Ha una stella su ogni orecchio[3], due sparse sul corpo[4] e una su ciascuna zampa[5]. In totale sono sei[6].

*Note di chiusura*

1. Cfr. Arato, *Fenomeni*, vv. 338-341.

2. Cfr. Igino, *Poeticon Astronomicon*, Libro II, par. *De Lepore*.

3. Stelle ι, κ, λ, di magnitudine 5.

4. Stella α Arneb, nome derivato dall'arabo *Al-arnab* [la Lepre], di magnitudine 3. E la stella ζ, di magnitudine 4-3.

5. Stella β Nihal, secondo Paul Kunitzsch deriva dal nome preislamico da *Al-nihāl* [i Cammelli che iniziano a spegnere la loro sete], di magnitudine 3 e la stella ε di magnitudine 4-3. Igino non nomina la stella γ su una zampa posteriore.

6. Secondo Eratostene le stelle che compongono la Lepre sono sette, *Epitome dei catasterismi*, (a cura di) A. Santoni, p. 133.

Eridano raffigurato a Casa Provenzali.

# COSTELLAZIONE DI ERIDANO

Q uesta costellazione ai piedi di Orione è formata da stelle il cui tracciato sinuoso nel cielo suggerisce l'idea di un fiume o di un serpente. Fin dall'epoca di Eudosso tale asterismo venne chiamato sia il Fiume di Orione, sia l'Eridano, o semplicemente *Potomos* [il Fiume].

Xilografia tratta dal *Poeticon Astronomicon* di Igino del 1482.

Arato lo chiama il Fiume fulgido di stelle che scorre ai piedi degli dei, l'Eridano fiume gonfio di pianto che si protende sotto il piede di Orione[1]. L'origine non è certa, si ipotizza egizia e rappresenterebbe il fiume Nilo.

Questa ipotesi sembra essere confermata da Igino[2]: «Alcuni lo chiamano il Nilo, ma molti lo identificano con l'Oceano».

Si dice che Fetonte, figlio del Sole, si chiamasse anche Eridano; l'attuale Po prese il suo nome quando Fetonte gli cadde dentro e vi annegò. Gli Arabi chiamarono questa plaga celeste con il nome semplice di *Al-Nahr* [il Fiume]. Si noti che Achernar deriva appunto dall'arabo *Akher-al-Nahr* [la Foce del Fiume, la Fine del Fiume].

La costellazione di Eridano raffigurata a Casa Provenzali si è ottimamente conservata e la ricchezza dei dettagli testimonia la precisione quasi maniacale dell'artista sia nel rappresentare la postura di Eridano sdraiato con la mano sinistra che regge la testa mentre tiene la destra sollevata come nell'intento di salutare, sia il

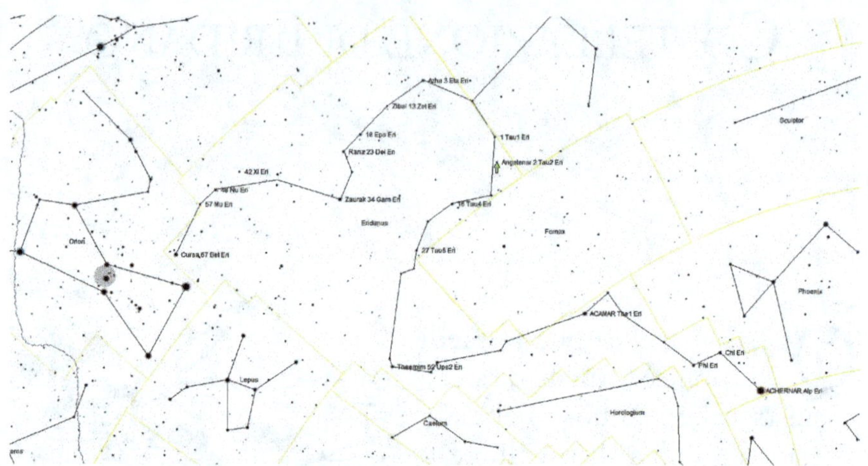


Mappa stellare della costellazione di Eridano.

numero e la disposizione delle stelle conforme al *Poeticon* del 1482 in cui la sequenza e il numero delle stelle raffigurate nelle spire è esattamente identica a ciò che descrive Igino:

> Tramonta al sorgere dello Scorpione e del Sagittario, sorge con i Gemelli e il Cancro. Ha tre stelle sulla prima spira[3], tre sulla seconda[4], sette dalla terza all'ultima[5]. In totale tredici.

## *Note di chiusura*

1. Cfr. Arato, *Fenomeni*, v. 360.

2. Cfr. Igino, *Poeticon Astronomicon*, Libro II, par. *De Eridano*.

3. Stella λ di magnitudine 4-3 e la stella β Cursa, nome derivato dall'arabo *Kursīy al-jauzā al muquaddam* [il Primo Posa piedi di Orione]. Come detto in precedenza Al-jauzā era il nome della costellazione di Orione, di magnitudine 4. La stella ψ è di magnitudine 4.

4. Stelle μ, υ entrambe di magnitudine 4 e la stella ξ di magnitudine 5.

5. Stella γ Zaurak. Deriva dall'arabo *Zauraq* [la Barca], di magnitudine 3. Le stelle π, δ, ε, di magnitudine 3. È la stella ζ Zibal, secondo Paul Kunitzsch nome derivato dall'arabo *Al-ri'āl* [i Giovani Struzzi], di magnitudine 3. La stella η Azha, che deriva da *Udhīy al-na'ām* [il Nido degli Struzzi], di magnitudine 3. La stella $\tau^1$, di magnitudine 4 e la o, che si distingue in due $o^1$ Beid derivato da *Al-baid* [le Uova] e $o^2$ Keid che deriva da *Al-qaid* [i Gusci delle Uova], di magnitudine 4. È la stella α Achernar, deriva da *Ākhir al-nahr* [la Fine del Fiume], che era invisibile in Europa e anche ad Alessandria al tempo di Ipparco e Tolomeo ma compare nel catalogo di quest'ultimo; la sua declinazione meridionale doveva essere di 66°, mentre oggi è solo 57°, è di magnitudine 1.

Cetus raffigurato a Casa Provenzali.

# Costellazione di Cetus

Q uesta costellazione, molto estesa, si trova nell'emisfero australe al di sotto della fascia dello zodiaco. Essendo la Balena una costellazione meridionale i progettisti dell'impianto astronomico di Casa Provenzali hanno dovuto separare il mostro marino dai restanti personaggi che rappresentano il mito di Andromeda

Xilografia tratta dal *Poeticon Astronomicon* di Igino del 1482.

collocandola nel terz'ultimo cassettone assieme alle altre quindici costellazioni australi.

Nell'architettura dell'impianto astronomico l'ideatore si è attenuto rigorosamente alla disposizione geografica sulla sfera celeste della costellazione e non al mito associato, sottolineando che la collocazione delle costellazioni nel soffitto segue una disposizione cartografica astronomica. Le costellazioni si susseguono sul soffitto procedendo da latitudini boreali verso latitudini australi e la fascia zodiacale è quella che le separa, come fedelmente riportato sia nel testo di Igino sia di Manilio.

Dato che il mostro marino si trova nell'emisfero sud separato da Perseo e dal segno zodiacale dall'Ariete, ciò sembra dimostrare che la costellazione sia di creazione più recente rispetto alle altre del gruppo[1]. È difficile determinare con certezza l'origine di tale figura nella sfera babilonese[2] perché vi si trova già un elemento di carattere acquatico, l'Irrigatore,[3] dio delle sorgenti. Sempre secondo[4]

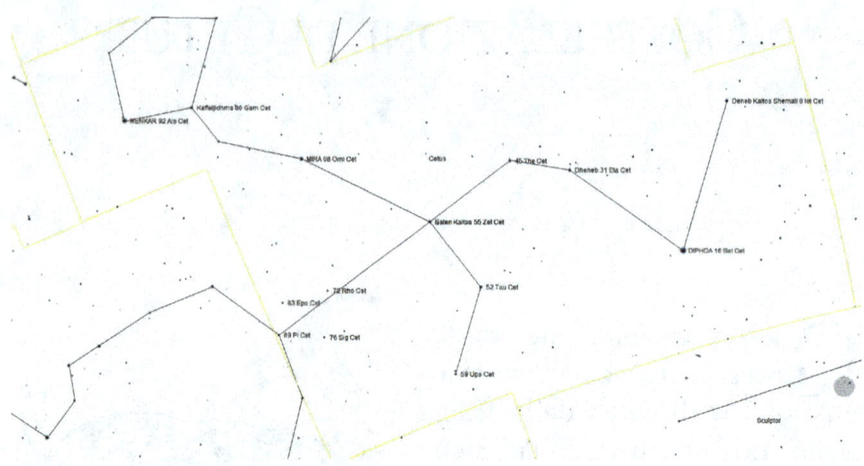

Mappa stellare della costellazione di Cetus.

Gundel la posizione della Balena era occupata dal Coccodrillo dei Dodécaores egizi. L'asterismo in origine non era stato concepito come una Balena ma come un mostro marino. Arato la chiama κῆτος[5] [*Cetus*, il Gran Mostro Marino, la Balena], come Eudosso, Ipparco e Tolomeo. Igino invece la chiama *Orphos* [Pesce di mare]. Gli Arabi chiamavano le stelle della testa della Balena *Al-Kaff al djadzma* [la Mano Troncata].

Il mito associato è assai antico e lega un gruppo di costellazioni legate al ciclo di Andromeda.

La Balena starebbe a rappresentare proprio il mostro marino al quale il re d'Etiopia Cefeo doveva sacrificare la figlia Andromeda per placare l'ira di Nettuno.

La costellazione della Balena rappresentata a Casa Provenzali ha caratteristiche particolari emerse dal restauro: innanzitutto è rappresentata come un mostro marino con grandi zanne sporgenti e una specie di proboscide.

In altre edizioni successive del *Poeticon* la Balena è rappresentata in modo totalmente diverso, come nell'edizione di Colonia 1534. Nell'edizione del 1570 invece ha la stessa raffigurazione di quella del 1482. La costellazione della Balena nel soffitto ligneo si è ottimamente conservata e solo una piccola parte del dipinto in prossimità della testa è andata perduta. Fortunatamente questo distacco della parte pittorica non ha pregiudicato le stelle contenute nell'immagine del Mostro Marino, che si presentano ben conservate. Le tredici stelle del dipinto sono collocate nella posizione descritta da Igino:

La parte anteriore del suo corpo, rivolta a oriente, sembra quasi bagnata dal fiume Eridano. Tramonta al sorgere del Cancro e del Leone, sorge con il Toro e i Gemelli. Ha due stelle opache sulla punta della coda[6], cinque da qui alla curvatura sul resto del corpo[7], sei sotto il ventre[8], in tutto tredici[9].

## Note di chiusura

1. Vedi A. Scherer, *Gestirnnamen bei den indo-germanischen Volkern*, Heindelberg, 1953, p. 198.

2. Vedi W. Gundel, *Dekane und dekansternbilder*, (P.W., *Ibidem*, c. 365), Amburgo 1936.

3. Vedi A. Florisone, *Astres et constellations des Babyloniens*, 1951, p. 156.

4. Cfr. W. Gundel, in Roscher VI, 982.

5. Cfr. Arato, *Fenomeni*, v. 354.

6. Stella β Diphda, nome derivato dall'arabo *Al-difdi' al-thānī* [la Seconda Rana]. Poiché nel cielo beduino la prima rana *Al-difdi' al-awwal* era Fomalhaut, di magnitudine 3. E la stella ι, di magnitudine 3-4.

7. Stelle η di magnitudine 3 e φ di magnitudine 5. La stella θ e la stella ζ Baten Kaitos, che deriva dall'arabo *Batn quaitus* [la Pancia del Mostro Marino], entrambe di magnitudine 3. E la stella χ, di magnitudine 5.

8. Stelle ε, π, ρ, υ, τ, di magnitudine 3-4.

9. Igino non cita le stelle della testa, tra cui le stelle più luminose α Menkar e la stella γ; Tolomeo nell'*Almagesto* ne contava 22.

Il Pesce Australe raffigurato a Casa Provenzali.

Il Pesce Australe raffigurato a Casa Provenzali.

# Costellazione
# del Pesce Australe

Q uesta costellazione è certamente di origine babilonese
e in origine il pesce chiamato KU[1]
(*Nūnu*) rappresentava solo la stella
più brillante, quella che gli Arabi
chiamarono poi Fomalhaut, *Fom-
al-hut* [la Bocca della Balena]. Il
nome adottato nel Medioevo con

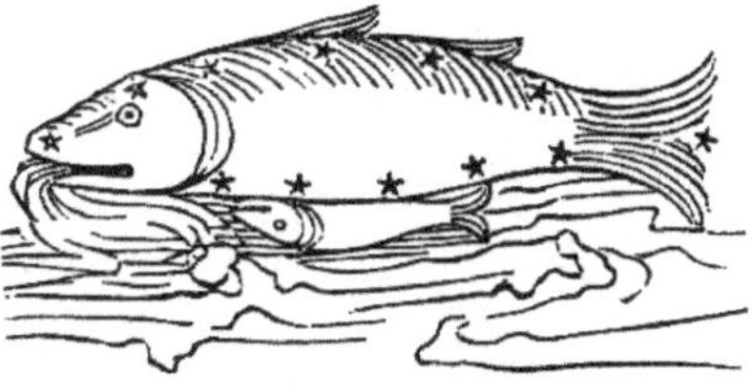

Xilografia tratta dal *Poeticon Astronomicon* di Igino del 1482.

varie ortografie è un'abbreviazione di *Fom al-hūt al-janūbī* [la
Bocca della Balena Meridionale], dove l'Acquario vi versa l'acqua.

Manilio nel Libro I dell'*Astronomicon* lo chiama: «pesce Nozio,
così detto dal nome del vento[2], il quale sorge dalla parte australe»[3]. Il Riccioli chiama la costellazione *Piscis Notius*[4]. Quest'antica
costellazione è stranamente omessa nel *Globo Farnese* e il ruscello
di acqua che esce dall'urna dell'Acquario termina sulla coda della
Balena.

Eratostene lo chiama il Grande Pesce[5] e racconta la leggenda
legata a quest'asterismo secondo cui il Pesce, come dice Ctesia[6],
prima si trovava in un lago nella regione di Bambike. Ma una notte
Derketo, che gli abitanti del luogo chiamavano dea Siria, cadde
nel lago e il Pesce a quanto pare la salvò. Dicono che da lui discen-
dano anche i due Pesci e questi pesci, tutti e tre, ricevettero onori
e furono messi fra le stelle. La leggenda riportata[7] nel *Poeticon* da
Igino narra invece che un tempo il Pesce salvò Iside in difficoltà e
che per tale favore la dea trasferì tra le stelle l'immagine del Pesce
e dei suoi figli.

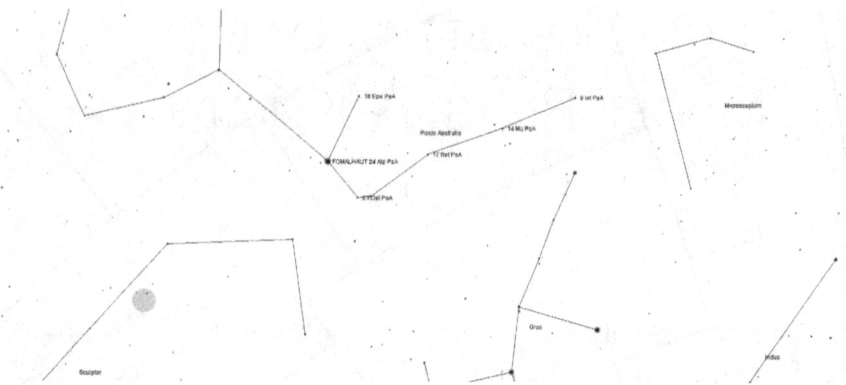

Mappa stellare della costellazione del Pesce Australe.

La costellazione del Pesce Australe nel soffitto ligneo ha la particolarità di contenere una stella in più rispetto a quella descritta nel *Poeticon*; sono quindi tredici stelle invece di dodici, infatti ne è stata rappresentata una in più sul dorso. Con tale costellazione si chiude il Libro III del *Poeticon* che riguarda la descrizione delle costellazioni e la disposizione delle stelle in esse contenute. Igino descrive così la costellazione del Pesce Australe:

Il Pesce detto australe, posto nel mezzo tra il Circolo invernale e quello antartico, sembra guardare a oriente, tra Acquario e Capricorno, con la bocca accoglie l'acqua versata dall'Acquario[8]. Tramonta al sorgere del Cancro, sorge con i Pesci. Ha in totale dodici stelle.

*Note di chiusura*

1. Vedi A. Florisone, *Astres et constellations des Babyloniens*, 1951, p. 159.

2. Da Noto, il vento di mezzogiorno.

3. Cfr. Manilio, *Astronomicon*, Libro I, v. 438.

4. Cfr. G.B. Riccioli, *Almagestum Novum*, p. 410.

5. Vedi Eratostene, *Epitome dei catasterismi*, (a cura di) A. Santoni, ETS, Pisa 2009, p. 141.

6. Ctesia di Cnito, storico greco del IV secolo A.C.

7. Cfr. Igino, *Poeticon Astronomicon*, Libro II, par. *De Pisce Notio*.

8. Stella α Fomalhaut, deriva il suo noma dall'arabo *Fam al-hūt al-janubī* [la Bocca del Pesce meridionale]. Nell'*Almagesto* Tolomeo la descrive in questo modo: «*quae est in ore, est cadem cum principio aquae*», di magnitudine 1.

La Corona Australe raffigurata a Casa Provenzali.

# Costellazione
## della Corona Australe

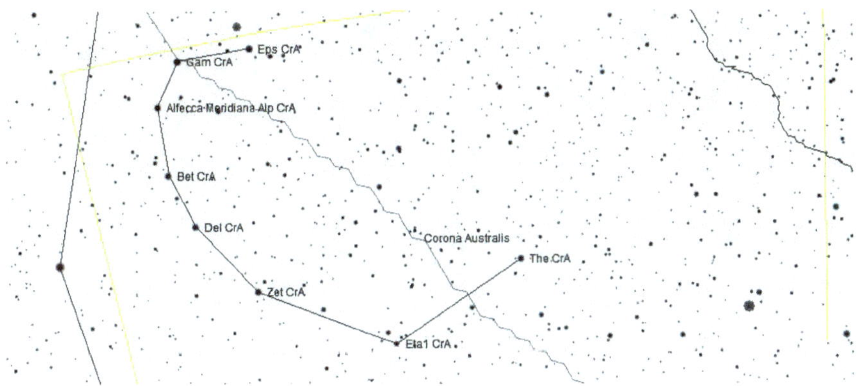

Mappa stellare della costellazione della Corona Australe.

La costellazione della Corona Australe non è presente nella *Poetica* di Igino e occupa l'ultimo cassettone del soffitto ligneo. La piccola costellazione – di cui abbiamo già parlato diffusamente quando abbiamo trattato della Corona Boreale – è presente sull'*Atlante Farnese* e viene rappresentata come una corona d'alloro posta ai piedi del Sagittario. L'*Atlante Farnese*, sebbene sia del II secolo D.C., fu rinvenuto solo attorno al 1546; infatti l'immagine della Corona Australe era sconosciuta alle maestranze che lavorarono alla Sala delle costellazioni di Cento, le quali hanno riprodotto per due volte la Corona Boreale facendone solo qualche lieve modifica.

# LA SALA DEI PIANETI

Il soffitto astronomico di Casa Provenzali rappresenta fedelmente il *Poeticon Astronomicon* di Igino fin nei minimi particolari, dalle astrotesie nonché alle immagini che sono state ricavate dalle xilografie di Ratdolt.

Il libro di Igino termina con la descrizione dei sette pianeti; occorreva a questo punto fare un'importante riflessione, e cioè dove potevano essere stati collocati i pianeti all'interno della Sala delle costellazioni.

La zona sottostante le gesta di Provenco, che attualmente è semplicemente intonacata, dai sondaggi eseguiti contiene solo delle decorazioni di scarsa rilevanza che perciò non sono state recuperate e non contengono alcuna traccia dei pianeti. La Sala delle Costellazioni comunica però con una sala attigua attualmente controsoffittata a cui è possibile accedere attraverso una porta. Il controsoffitto non può essere rimosso poiché decorato e la Sovrintendenza ai beni culturali non ha concesso l'autorizzazione per la sua rimozione.

A seguito del terremoto del 2012 che ha colpito l'Emilia-Romagna si è reso necessario eseguire un'ispezione dello stato di conservazione del controsoffitto in seguito alla quale, passando attraverso il solaio, si è scoperto l'esistenza di un altro soffitto ligneo che si trova al medesimo livello e coevo con quello che contiene le costellazioni.

Al fine di poter ispezionare il controsoffitto si è reso necessario rimuovere alcune tavole, che una volta divelte sono apparse decorate con putti e acanti; ma ciò che straordinario è che

Sala dei Pianeti, controsoffitto decorato, per gentile concessione dell'architetto Alberto Ferraresi.

contengono le raffigurazioni dei pianeti. Sono state riportate alla luce le scritte delle lunette che avrebbero dovuto contenere Mercurio, Marte e Febo.

Al fine di ottenere risultati soddisfacenti sulle raffigurazioni dei pianeti occorrerebbe ricomporre le varie immagini, purtroppo però i lavori di recupero sono stati sospesi.

Soffitto ligneo nella Sala dei Pianeti. Ritrovati i pianeti Marte, Febo e Mercurio. Per gentile concessione della Red Art Conservazione e Restauro di Federica Congiu.

# Conclusioni

Congedandomi da questo studio, voglio solo fare qualche riflessione finale. Le incertezze che avvolgono il soffitto ligneo di Casa provenzali sono molteplici: la data della sua realizzazione, le maestranze che vi lavorarono, l'ideatore dell'impianto.

Alcune certezze sull'esecuzione dell'impianto sono però state acquisite, prime fra tutte che il soffitto ligneo è una fedele rappresentazione del *Poeticon Astronomicon* di Igino e che il progettista possiede grandi competenze in campo astronomico, avendo disposto le quarantotto costellazioni nel soffitto ligneo secondo uno schema celeste ben preciso.

Probabilmente l'individuazione del *Poeticon Astronomicon* nell'edizione del 1570 come fonte d'ispirazione per le maestranze che vi lavorarono è la più attinente per la realizzazione del soffitto ligneo. Questo giustificherebbe il fatto che il soffitto astronomico sarebbe stato realizzato pochi anni prima degli affreschi del Guercino sulle gesta di Provenco datati 1614.

Forse non sapremo mai il nome del committente dell'opera e nemmeno gli artisti che vi hanno lavorato, così come l'ideatore del ciclo, ma probabilmente il soffitto astronomico di casa Provenzali ha permesso di chiarire molti dubbi su altri cicli pittorici rinascimentali. La sua corretta interpretazione è forse la chiave che apre a nuove spiegazioni sulle astrotesie presenti nei segni zodiacali nel Salone dei mesi di Palazzo Schifanoia.

Questo modesto lavoro rappresenta sicuramente la base da cui partire per poter sviluppare uno studio ben più ampio, nella speranza che il testimone venga raccolto da qualche studioso che sia in grado di rischiarare anche le ultime zone d'ombra presenti nella realizzazione del soffitto astronomico di Casa Provenzali.

# Bibliografia

*Astrolabium planum in tabuli J. Angeli editoriale caste lnegrino.*
*Dizionario mitologico le Garzantine.*
AL-SUFI, ABD AL-RAHMAN IBN 'UMAR, *Descrizione delle stelle fisse.*
R.H. ALLEN, *Star names their lore and meaning*, 1899.
ARATO DI SOLI, *Fenomeni*, (a cura di) V. Lanzara, Garzanti 2018.
L. BAZZOLI, *Dizionario di Astrologia*, BUR, 1988.
F. BOLL, *Sphaera*, 1903.
F. BÒNOLI-PILIARVU, *I lettori di astronomia presso lo studio di Bologna dal XII al XX secolo*, Clueb.
G. CECCHINI, *Il Cielo*, Utet, 1969.
(a cura di) G. CHIARINI e G. GUIDORIZZI, *Mitologia astrale, Igino*, Adelphi, 2009.
CICERONE, *Aratea e Prognostica*, ETS.
CICERONE, *Aratea e Prognostica*, traduzione di D. Pellacani, ETS, 2015.
T. CONDONS, *Star Myths of the Greeks and Romans*, 1997.
N. D'ANNA, *Publio Nigidio Figulo, un pitagorico a Roma nel I secolo A.C.*, Archè, 2008.
J. EPPING e J.N. STRASSMAIER, *Astronomisches aus Babylon, oder, das wissen der Chaldaer uber den gestirnten himmel*, 1889.
ERATOSTENE, *Epitome dei catasterismi*, (a cura di) A. Santoni, edizioni ETS, 2009.
G.F. ERRI, Dell'origine di Cento e di sua Pieve, 1769.
ESIODO, *Le Opere e i giorni.*
W. FERRERI, *Costellazioni e mito*, Orione 2000.
C. FLAMMARION, *Le stelle e le curiosità del cielo*, Sonzogno 1904.

C. FLAMMARION, *La storia del cielo*, Sonzogno, 1923.

C. FLAMMARION, *L'astronomia popolare*, Sonzogno, 1939.

A. FLORISONE, *Astres et constellations des Babyloniens*, Ciel et terre, vol. 67, 1951.

G. GALILEI, *Dialogo di Cecco di Ronchitti da Bruzene in proposito de la stella Nuova*, 1605.

L. GAURICO, *Opera omnia*, 1575.

GERMANICO, *Phaenomena*, Patròn editore.

G. GUIDORIZZI, *Igino Miti*, Adelphi, 2000.

W. GUNDEL, *Dekane Und Dekansternbilder: Mit einer Untersuchung über die ägyptischen Sternbilder und Gottheiten der Dekane*, 1936.

E. HITCHING, *L'Atlante del cielo*, 2020.

H. HUNGER e J. STEELE, *The Babylonian astronomical compendium MUL.APIN*.

C.I. IGINO, *Poeticon Astronomicon*, 1482

C.I. IGINO, *Poeticon Astronomicon*, 1485

C.I. IGINO, *Poeticon Astronomicon*, 1502

C.I. IGINO, *Poeticon Astronomicon*, 1534

C.I. IGINO, *Poeticon Astronomicon*, 1570

P. KUNITZSCH e T. SMART, *A dictionary of modern star names a short guide to 254 star names and their derivations*, 2006.

G.E. KURTIK, *On the origin of the 12 zodiac constellation system in ancient Mesopotamia*.

A. LE BOEUFFLE, *Astronymie les noms des etoiles*, Burillier 1996

A. LE BOEUFFLE, *Les noms latins d'astres et de costellations*, Les belles letters, 2010.

A. LE BOEUFFLE, *Hygin l'Astronomie*, Les belles lettres, 2019.

D. MAHON, *Il Guercino, Dipinti*, Minerva edizioni, 2013.

C.C. MALVASIA, *Felsina Pittrice*, Libro II, Bologna 1841.

M. MANILIO, *Astronomicon*, G. Pingrè, 1796.

M. MANILIO, *Astronomicon*, vol. 2, ex editione Bentleiana Londra, 1828.

M. MANILIO, *Astronomicon*, Arktos, 1995.

M. MANILIO, *Il poema degli astri* (*Astronomica*), Vol. I, (a cura di) S. Feraboli, E. Flores, R. Scarcia, Mondadori, Milano 1996.

P. OVIDIO NASONE, *Metamorfosi*, Einaudi.

C.H. PETERS, *Ptolomey's catalogue of stars*, 1841.

R. REDGRAVE, *Erhard Ratdolt and His Work at Venice*, 1893.

A. RICCI e C. BILIARDI, *Cartografia, arte e potere tra riforma e Controriforma*, Panini, 2020.

G.B. RICCIOLI, *Almagestum Novum*, 1651.

J.H. ROGERS, *Origin of the ancient constellations, the Mesopotamian traditions*, J.Br. Astron. Assoc. 108, 1, 1998.

J.H. ROGERS, *Origin of the ancient constellations, the Mediterranean traditions*, J.Br. Astron. Assoc. 108, 1, 1998.

G. VANIN, *Il nome delle stelle*, Orione, 2004.

A. SAMARITANI, *Religione cittadina, autoriforma cattolica, malessere ereticale a Cento nel secolo XVI tra Estensi e controriforma*, Corbo editore.

A. SCHERER, *Gestirnnamen bei den indo-germanischen Volkern*, Heindelberg, 1953.

R. SICUTERI, *Astrologia e mito*, Astrolabio, 1978.

F. STOPPA, *Atlas Coelestis*, Salviati, 2006.

G. STROHMAIER, V. MULLER e KIEPENHEUER, *Die sterne des Abd ar-Rahman as Sufi*, 1984.

SVETONIO, *Vita dei Cesari*, BUR, 2019.

D. TESTA, *Lo zodiaco di Dendera*, 1822.

C. TOLOMEO, *Tetrabiblos*, Arktos, 2006.

A. WARBURG, *Arte e astrologia nel Palazzo Schifanoia*, Abscondita, 2006.

S. ZUFFI e A. NOVELLONE, *Arte e zodiaco*, Sassi 2009.

Nelle due pagine precedenti le fotografie panoramiche del soffitto astronomico lato est (a sinistra) e lato ovest ( a destra). Foto Cludi.